Fauler Zahlenzauber

Holger Rust

Fauler Zahlenzauber

Fiktionen über Fakten in Wirtschaft und Management

 Springer Gabler

Holger Rust
Hamburg
Deutschland

ISBN 978-3-658-02516-8   ISBN 978-3-658-02517-5 (eBook)
DOI 10.1007/978-3-658-02517-5

Die Deutsche Nationalbibliothek verzeichnet diese Publikation in der Deutschen National-
bibliografie; detaillierte bibliografische Daten sind im Internet über http://dnb.d-nb.de ab-
rufbar.

Lektorat: Ulrike Vetter, Sabine Bernatz

Gedruckt auf säurefreiem und chlorfrei gebleichtem Papier

Springer Gabler ist eine Marke von Springer DE. Springer DE ist Teil der Fachverlagsgruppe
Springer Science+Business Media
www.springer-gabler.de

Inhaltsverzeichnis

Über den Autor

Holger Rust (*1946) studierte Soziologie, Politische Wissenschaft und Philosophie. Er schloss dieses Studium 1970 24jährig mit seiner Promotion zum Dr. phil. ab, habilitierte sich mit 30 Jahren, lehrte und forschte an verschiedenen Universitäten des In- und Auslands, darunter in Hamburg, Salzburg und Wien. Seit April 2011 ist er nach seiner langjährigen Tätigkeit als Professor für Wirtschaftssoziologie am Institut für Soziologie der Universität Hannover im Ruhestand. Er ist weiterhin in Forschung, Publizistik und konzeptioneller Arbeit mit und in Unternehmen aktiv.

Rust verfügt über langjährige Praxiserfahrungen in zum Teil verantwortlichen Positionen, so als Mitglied der Chefredaktion in Österreichs führendem Wirtschaftsmagazin „trend" 1994 und 1995 oder als verantwortliches Mitglied im Steuerungs-Ausschuss des nationalen Delphi-Projekts 1996 bis 1999 des Österreichischen Bundesministeriums für Wissenschaft, Technologie und Verkehr. Seitdem zählt die kritisch-konstruktive Perspektive auf die Möglichkeiten des Managements zukünftiger Herausforderungen zu seinen zentralen Interessen, die auch die Themen der aktuellen Forschungskooperationen mit Großunternehmen, die Veröffentlichungen und seine ebenso pointierten wie unterhaltsamen Vorträge prägen.

Als Sach- und Fachbuchautor hat Rust mehr als 30 Bücher verfasst, darunter „Das Elitemissverständnis – warum die Besten nicht immer die Richtigen sind" (Gabler Verlag 2005); „Zukunftsillusionen. Kritik der Trendforschung" (Gabler 2008) oder „Strategie? Genie? Oder Zufall? Was wirklich hinter Managementerfolgen steckt" (Gabler 2012).

Einer breiteren Fachöffentlichkeit ist Rust darüber hinaus als Autor renommierter Wirtschaftsmagazine bekannt, zum Beispiel für das Manager Magazin 1999 bis 2002. Seit 2008 ist er mit einer monatlichen Kolumne über Managementfragen im „Harvard Business Manager" präsent.

Kontakt: dr.holger.rust@t-online.de

1

1.1 Zahlenzauber im Dreierpack und lautlose Kaskaden

Vermutlich ist den meisten Leserinnen und Lesern am Ende des Textes auf der rückwärtigen Umschlagseite etwas aufgefallen: Er enthält drei inhaltliche Hinweise. Das ist, wie man sich denken kann, Absicht. Diese Form der Ankündigung nimmt nämlich die seit wenigen Jahren der Zeitungen und Zeitschriften beliebte Praxis auf, in den Vorspännen zu Interviews genau drei Hinweise auf den folgenden Inhalt aufzulisten. Warum das so ist, weiß niemand. Es *ist* eben so. Weil das so ist, *machen* es die meisten so. Drei ist offensichtlich der in eine Zahl gefasste Zeitgeist. Meist kommt eines der drei im Vorspann angerissenen Themen wie eine angedeutete Pirouette daher, ein kleines semantisches Tänzchen sozusagen. Die anderen beiden sind dann von ernsthafter Erdenschwere. Nur einige Beispiele: Thomas Stroble etwa redete in der *Frankfurter Allgemeinen* „über Schwiegervater Wolfgang Schäuble, Mittagessen bis 17 Uhr und die normale Homo-Ehe". Die Sängerin Cecilia Bartoli sprach in der *Zeit* „über tragische Frauenrollen, passende Schuhe und italienische Politik", Lothar Bisky „über Linkssein, seine Auswanderung in die DDR und Stasi-Vorwürfe gegen einen Genossen". Irgendjemand anders äußerte sich „über schwierige Zeiten und Glücksmomente, über Stärke in einer Phase der eigenen Schwäche". In der *Welt* las man ein Gespräch mit Bruno Pavlovsky (Kreativer bei Chanel) „über Haute Couture, China und die Notwendigkeit, Geschichten erzählen zu können". Wenige Tage später sah sich wohl die *Frankfurter Allgemeine Sonntagszeitung* besonders herausgefordert und sprach mit „Thomas de Maizière über das Ansehen der Truppe, Liebe in der Ehe und Langeweile im Job", mit dem „Komiker Matze Knop über Parodien, Perücken – und warum niemand über den echten Beckenbauer lacht", dem Videokünstler Douglas Gordon über „Ängste, Religionen und seine Zusammenarbeit mit dem Schriftsteller Don de Lillo", und mit der „Schauspielerin und Entertainerin Bette Middler über Rock-‚n'-Roll-Lifestyle, autoritäre Erziehung und das Geheimnis einer langen Ehe".

H. Rust, *Fauler Zahlenzauber*,
DOI 10.1007/978-3-658-02517-5_1, © Springer Fachmedien Wiesbaden 2014

Allerdings scherte der Boulevard-Philosoph Precht geradezu frech aus dieser Vorgabe aus, als er mit einem einzigen Thema daherkam: *Intelligenz*. Die sei enorm trainierbar, referierte er und verwies, wie es eben zurzeit bei selbst ernannten *Public Intellectuals* Mode ist, auf „die" Hirnforschung. Nur *ein* Thema also, was erstaunlich ist für Precht, denn der redet ja sonst über alles, nicht nur Hirnforschung, sondern auch über Egoismus, Liebe, Moral, Finanzkrise und Kapitalismus, Manager, die Achtundsechziger, Religion oder in reichlich verspäteter Wiederbelebung pädagogischer Konzepte eben jener Spätachtundsechziger, dass man die Schule abschaffen solle. Der *Spiegel* ernannte ihn in der Bestsellerliste gar zum „Alleswisser der Nation". Darauf wird diese Abhandlung noch zurückkommen.

Aber dann Entwarnung – nicht was die enzyklopädische Breite der Themen betrifft, sondern die Form: Precht philosophierte, „über Rüsselfische, die neue Apo und sein Poncho-Trauma".

Auch in den harten Ressorts wie *Wirtschaft* oder *Politik* grassiert diese Mode. Mit damaligen Außenminister Westerwelle zum Beispiel fand „ein Gespräch über die Rolle der Kirchen, Gerechtigkeit und die Angst vor dem Altern" statt. Da lassen sich Manager „über Baumwolle, Ehrgeiz und Bügeln" interviewen, „über Pils, vergebliches Gebrüll am Telefon und lange Arbeitstage", „über Drecksarbeit, billiges Bier und Bergarbeiter", „über Bücher, Notizen und die Entwicklung von Ideen aus dem Chaos der Gedanken". Marcel Fratzscher, Präsident des Deutschen Instituts für Wirtschaftsforschung, redete „über ein folgenreiches Abendessen in Jakarta, günstiges Schuldenmachen – und warum die Republik einen Investitionspakt braucht". Den Rekord in der Disziplin des Vorspann-Dreisprungs darf man wohl der *Süddeutschen* vom 8. Juli 2013 zuschreiben: „Warum die Deutsche Bank an ihrer Verluste bringenden Tochter festhält, der Private-Banking-Kunde nicht in eine Schublade gesteckt werden will und ein erfolgreicher Berater ein guter Zuhörer sein muss. Top Manager Joachim Häger über das Geschäft mit der vermögenden Klientel".

Drei.

Was bedeutet diese Zahl?

Da das Ganze etwas Rituelles hat, wären religiöse Deutungen denkbar. Das Alte wie das Neue Testament wie im Übrigen auch die antiken Mythologien halten ja jede Menge Deutungen bereit, etwa das Motiv der *Dreifaltigkeit*, was aber im durch und durch säkularen Gewerbe des Journalismus ein wenig weit hergeholt wäre. Schon näher läge eine märchenhafte Interpretation, da es durchwegs die Erfüllung *dreier Wünsche* sind, die gute Feen in Aussicht stellen. Als physikalische Anleihe könnte man die *Dreidimensionalität* heranziehen. Oder die Geometrie bemühen, vielleicht sogar in ihrer mystischen Variation: Das *Dreieck*, so informiert die Numerologie, weist metaphorisch auf die Verknüpfung von Körper, Geist und Seele hin.

Es ist also möglich, die abenteuerlichsten Rationalitätsvermutungen für diese Mode zu entwickeln, bis hin zu Verschwörungstheorien eines geheimen *Codes*, wie es oft geschieht, wo Zahlen eine Rolle spielen. Da es es auch wenig zielführend, nun am Ende das Sprichwort zu bemühen: Aller guten Dinge sind *drei*. Damit stünden wir wieder am Anfang und bei der Frage: Warum eigentlich?

Wichtig ist hier nur der Tatbestand als solcher: Wo eine Zahl benutzt wird, muss sie etwas *bedeuten*; obwohl sie schlicht und ergreifend durch nichts anderes zustande kommt als durch den Hang, das zu machen, was alle anderen machen, weil man glaubt, es sei eben Trend und so in einem sich fortschreibenden Prozess etwas erzeugt, das niemand beabsichtigt: eine *Kaskade*. Was das wiederum heißt, ist in der Statistik ziemlich klar definiert. „Entscheiden Individuen *nacheinander*, so kann es also geschehen, dass eine Person schließlich eine Entscheidung trifft, die im Gegensatz zu ihrer eigenen privaten Information steht, weil die Entscheidungen der Vorgänger als öffentliche Information ein starkes Gewicht im individuellen Wahrscheinlichkeitsurteil gewonnen haben und in die zum privaten Signal gegenläufige Richtung weisen. Treffen ab diesem Punkt alle Akteure dieselbe Entscheidung, ohne auf ihre eigenen privaten Informationen zu achten, so spricht man von einer *Informationskaskade*“, erklärte 2008 im Rahmen eines volkswirtschaftlichen Studienprojekts an der Fachhochschule Kiel der VWL-Professor Andreas Thiemer. Das Projekt ist unter folgendem Link zu finden: http://ebookbrowse.com/vwl-projekt-4-08-bayessche-lemminge-pdf-d71359138.

Also: Wenn *eine* Zeitung beginnt, Interviewinhalte in Dreierpacks anzubieten, eine zweite den Verdacht hegt, das sei *kein Einzelfall* und nun *State of the Art*, eine dritte sich schon fast überrollt fühlt, weil zwei Beispiele sicher Hinweise auf eine wichtige Modifikation darstellen, dies auch für hundert weitere gilt, die jeweils auch wieder die zwei oder drei Beispiele aus ihrem unmittelbaren Erfahrungsbereich für einen *Trend* halten, dann entsteht eine solche Kaskade.

Der Zahlenzauber ist nachhaltig, auch wenn er keinen tieferen Sinn hat, es sei denn, man begründet ihn mit einer *Theorie* – in diesem Fall vermutlich, dem befürchteten Unwillen der mutmaßlich überforderten Leserschaft zuvorzukommen, der eine ganze Seite Text droht, und das in einer Zeit, in der eben sie, die Zeit, vor allem in quantitativen Äquivalenten (= Geld) aufgewogen wird und nicht *verschwendet* werden darf. So braucht es – wie sich in einer späteren Sequenz dieser Abhandlung zeigen wird – immer wieder „Leckerli fürs Hirn“, etwa die Illusion der Übersichtlichkeit und der geordneten Bedeutung dessen, was kommt, ganz gleich, was dann im Interview selbst sonst noch alles steht, eben als Zusicherung, dass es auch ein wenig *unterhaltsam* und *emotional* zugeht. *Menschlich*.

Diesem Impuls entspringt offenbar auch jene sonderbare Praxis, dass gestandene Interviewpartnerinnen und -partner im *Fernsehen*, bevor sie etwas sagen, erst mal durchs Bild eilen, um irgendwie Dynamik in die Sache zu bringen. Auch das gab es zunächst nur vereinzelt. Mittlerweile scheint es kaum möglich, Interviews (die ohnehin nur ein paar Sekunden dauern) zu senden, bei denen der Protagonist nicht erst mal je nach Kondition eine Treppe hinauf- oder hinuntereilt oder durch die Straße vor seinem Büro läuft. Das sei *hirngerecht*, hört man bei Nachfrage nach den Gründen. Denn offensichtlich haben auch die Redaktionsleiter *die* Hirnforschung (als gäbe es da einheitliche und abschließende Befunde) entdeckt und glauben fest an die Herrschaft des *Belohnungssystems*, mit anderen Worten: dass das Hirn ein Hund sei, der stets nach diesen Leckerli bettelt. Dass diese lohnenden Süßigkeiten grundsätzlich hirngerecht, vulgo *leicht verdaulich*, sein müssen, sind weitere Anleihen – womit man dann aus dem Kopf in den Bauch gerät.

Dieser kritische Blick auf derlei Praktiken erscheint vor allem deshalb wichtig, weil *umfassende Bildung* zwar zusehends gefordert wird, aber oft zu einem seltsamen Boulevardthema verdünnt wird, bei dem es wichtiger ist, die kompliziertesten Einsichten *leicht verdaulich* als *angemessen differenziert* zu servieren als die ihnen innewohnende Komplexität auch angemessen zu vermitteln. Der Bildungs-Parvenü braucht nicht mehr. Auf ihn hat sich ein unglaublicher Angebotsmarkt eingerichtet, der sich im Hintergrund mit kompliziertesten Algorithmen (also *Mathematik*) auf dem jeweils neuesten Stand dessen hält, um, wie immer wieder betont, *mitreden* zu können (also einfachste *Literatur* zu verbreiten). Mit anderen Worten: Es handelt sich Schonkost fürs Hirn, bloßer Erfüllungsbehelf für zuvor gesetzte Ziele, oder um, wie Pagel es ausdrückt, „Bad Mathematics", oberflächliche und nicht selten irreführende Berechnungen auf der Grundlage schlecht formulierter Fragen und unzulässige Schlussfolgerungen auf der Grundlage unzutreffender Zahlen, die aber dem „gesunden Menschenverstand" plausibel erscheinen.

Ob diese Annahmen des redaktionellen Managements nun tatsächlich richtig sind, ist zweifelhaft. Es könnte ja sein, dass das Hirn eigentlich komplexe Aufgaben viel schöner findet – wie sich übrigens durchaus auch aus Befunden *der* Hirnforschung bestätigen lässt. Die Ergebnisse sind da nämlich keineswegs so eindeutig, wie es oberflächlich scheint. Aber irgendeine seltsame Mutmaßung steht dagegen, wahrscheinlich die einer Art degenerativer Entwicklung des Menschen zum Unterhaltungs-Gourmand und zur übersichtlichen Struktur.

Daher: drei.

Und eines davon als Appetitanreger.

Einfach ein Interview zu einer Sache, tiefgreifend und fundiert – das ist nur was für akademischen Zausel oder „verkopfte" Typen, für Manager also, die sich mit der Komplexität beschäftigen, ehe sie zu ihrer Reduktion schreiten, oder für Autoren, die sich, wie der Autor dieses Buches, mit den – wie es früher einmal hieß – *Prolegomena* zu dem beschäftigen, was die Kompetenz des virtuosen Umgang mit der Wirklichkeit in Wirtschaft und Gesellschaft ausmacht: Statistik und Stochastik. Bevor man sich nämlich mit der Statistik und ihren mathematischen Grundlagen beschäftigt, ist es erst einmal notwendig, den (oft) faulen Zauber zu durchschauen, der mit Zahlen betrieben wird, also zum Beispiel mit dieser mystischen Dreier-kombination als berechenbare Grundlage für die Aufmerksamkeit der Leserinnen und Leser. Wobei gerechterweise noch eine Bemerkung ergänzt werden muss: Die *Süddeutsche Zeitung* veröffentlichte am Samstag, dem 27. Juli 2013, in der Wochen-endbeilage ein Interview mit der Überschrift „Greta Gerwig über Mädchen". An den folgenden Wochenenden ging das so weiter. Wir werden sehen, ob sich nun eine neue Kaskade entwickelt. Bis jetzt sieht es nicht danach aus.

1.2 Zahlen als Sprachspiele zur Realitätserfassung

Viel wichtiger ist aber, dass mit dieser anekdotischen Einleitung ein universelles Prinzip beschrieben ist, das den Umgang mit Zahlenwerken prägt: Auch in den Auseinandersetzungen um wirtschaftliche Prozesse und die Entscheidungsgrundla-gen für Managementstrategien herrscht oft das Prinzip der leichten Verdaulichkeit. Doch da, wo es allzu einfach wird, entsteht ein unproduktiver Widerspruch: Man versteht zwar die Modelle. Doch diese Modelle entsprechen nicht der Wirklichkeit. Die beiden folgenden Kapitel, die sich mit solchen „Zahlen und Erzählungen" be-schäftigen, demonstrieren dies mit einer Reihe von unterschiedlichen Beispielen.

Ein paar Worte noch zur Form: Diese Abhandlung erscheint als Buch, also als gedruckter Text, also als Lektüre. Der Grund liegt einfach darin, dass die Inhalte über flüchtige Eindrücke hinaus mußevoll nachgelesen werden können; dass man Stellen markieren kann, was natürlich alles mit den entsprechenden Techniken auch in einer E-Book-Fassung möglich ist. Es ist eine Frage des Geschmacks, ob man vor- und zurück*blättert* oder auf- und abwärts *scrollt*. Auf jeden Fall verweist auch die Druckversion immer wieder auf Quellen im World Wide Web (oder wie es hier genannt werden wird: im *3W-Universum*), über Links, die inhaltlich weiterfüh-ren, Illustrationen und sicher mitunter auch willkommene Abschweifungen bieten, auf jeden Fall den Kontext dieser Analyse weiter öffnen. Es ist die Umsetzung eines Leitmotivs, das im letzten Kapitel ausführlicher dargelegt wird: Offenheit des Zu-gangs zur Wirklichkeit, intellektuelles Flanieren, Wege jenseits der Algorithmen: finden statt suchen. Wie bei allen Hinweisen auf externe Links gilt natürlich hier, dass keine Verantwortung für weitere Verlinkungen übernommen werden kann, die dann zu prekären Inhalten führen. Dieser juristische Hinweis ist allerdings auch ein struktureller, auf den später noch differenziert eingegangen wird: Das Netz ist undurchschaubar, man weiß nie, was hinter der nächsten Ecke lockt oder lauert, überrascht, inspiriert, ärgert oder erfreut. Denn niemand weiß, was das inhaltlich eigentlich ist, dieses World Wide Web. Das sollte man sich auch einmal vor Augen führen, wenn vom Web 2.0 oder weiteren Extensions die Rede ist.

Das eben benutzte Wort *Prolegomena* ist natürlich eine kleine akademische Provokation. So was gebaucht man in der Öffentlichkeit nicht. Es klingt verzopft, arrogant, *intellektuell*. Das ist nicht immer positiv gemeint, wie sich noch herausstellen wird. Dass das Wort hier trotzdem benutzt wird, hat einen ganz anderen Grund: Man sollte wissen, auf welcher Fachsprache die Weltsicht von Geistes-, Sozial- und Natur- und Wirtschaftswissenschaften gründet und was man damit anfangen kann; wie differenziert das „Sprachspiel zur Weltorientierung" (so hat es ein berühmter Soziologe formuliert: Hans Albert) sich darstellt. Das Ziel ist, sich in Kenntnis der komplizierten Sachlagen *bewusst* einfacher ausdrücken zu können, ohne die Komplexität der Dinge aus dem Blick zu verlieren. Denn auch ein mathematisch begründetes und statistisches Zahlenwerk ist ein *Sprachspiel* – beziehungsweise *ein* Sprachspiel – zur Weltorientierung, besitzt mithin auch *literarische* Elemente. Die Verständlichkeit entsteht aus *Zahlen* und *Erzählungen*. Beachten Sie die gemeinsame etymologische Wurzel der beiden Begriffe. Das sind also Ausgangspunkt und gleichzeitig Ziel dieser Abhandlung.

Vorsorglich muss also eine Warnung ausgesprochen werden: Genörgel allein hilft ja nicht weiter. Daher sind Passagen unerlässlich, die eine Art *Komplexitätszumutung* darstellen könnten – vor allem, was *Theorie* und *Methodologie* angeht. Aus diesem Grund werden die kritischen Diskurse erstens durch eine Reihe von Beispielen ergänzt, an denen sich der verantwortliche Umgang mit mathematischen oder statistischen Informationen illustrativ veranschaulichen lässt, und die dokumentieren, wie die Geschichten, die man jeweils um die Zahlen herum konstruiert, ihren Einfluss auf die Deutung der Zahlen ausüben beziehungsweise zu neuen, zu weiteren Fragen anregen. Zweitens sind nach jedem Kapitel regelmäßig *methodologische Intermezzi* darüber eingefügt, wie man denn in einem wissenschaftlichen Beratungsprojekt vorgehen würde.

Natürlich wird es da komplizierter.

Aber das Ziel besteht nicht darin, nun die Raffinesse der Techniken und Methoden in die Praxis zu überführen, sondern zu zeigen, auf welchen Grundlagen eine kritische Statistik im Alltag aufbaut.

Als Entschädigung für die Zumutung dieser wissenschaftstheoretischen Komplexität wird es immer wieder interessante Geschichten geben und am Ende dann, wenn – ganz aktuell – die *Big Data Research* als ultimativer Anwendungsfall für die bis dahin entwickelten Thesen, Beispiele, Methoden und Ideen konkret durchgespielt wird, ein paar schöne Bilder. Aber diese Bilder aus dem Universum ungezählter Blogs sind keine *Leckerli*, keine „Brain Candy", wie Mark Pagel, Professor für Evolutionsbiologie sowie Ko-Autor von „Wired for Culture – Origins of the Human Social Mind", es formulierte (http://www.edge.org/response-detail/11172).

Ganz im Gegenteil: Die Kommunikation mit Hilfe von Bildern stellt eine weit größere Herausforderung an Wissenschaft und Praxis dar als die über Worte. Sie zu verstehen ist eine wesentliche Voraussetzung zum Verständnis dessen, was sich in diesem anarchischen 3W-Universum abspielt. Damit soll auch illustriert werden, welcher Zauber in der Entdeckung eines – wenn man so will – *kulturellen Algorithmus* steckt, der, ohne dass eine mathematische Instanz ihn erdacht hätte, unser Alltagshandeln ausmacht. Dazu später mehr.

Ende der Warnung.

Ein zweiter Hinweis ist an dieser Stelle angebracht – diesmal eine *Entwarnung*: Dies ist keine Abhandlung über *Statistik*, sondern eine Auseinandersetzung mit den Grundlagen, Voraussetzungen und der Philosophie der Statistik insbesondere im Hinblick auf die Fundierung solider und aussagekräftiger Forschung als Grundlage für professionelle Tätigkeiten in Wirtschaft, Gesellschaft, Politik oder Medien. Und nur in diesem Sinne geht es hier um Mathematik. Alles andere wäre eine fachwissenschaftliche Kompetenzanmaßung – aber im Alltag geht es eben auch und immer wieder ums Rechnen. Deshalb wird hier (von einigen illustrativen Ausnahmen in den Methodologischen Intermezzi abgesehen) zwar nicht mit Formeln, Tests, Iterationsfolgen oder der Frage aufgewartet, was eigentlich notwendig ist, um einen Algorithmus zu schreiben oder einen geschriebenen mathematisch zu identifizieren. Dennoch ist es wichtig klarzustellen, von was die Rede ist, wenn wir die Statistik (meist in Form von *Statistiken*) bemühen?

Weil nun aber genau diese Differenzierung zwischen dem, was man zahlenmäßig erfassen kann, und der Wirklichkeit in all ihrer Komplexität selten getroffen wird, sehen sich die Statistik und mit ihr die Grundlagenwissenschaft Mathematik nicht selten als Werkzeuge vorgeblicher Manipulation verdächtigt. In der Alltagskommunikation wird dann oft das Sprüchlein heruntergebetet: „Glaube keiner Statistik, die du nicht selbst gefälscht hast." Beliebt ist bei Kritikern auch immer dann, wenn eine Statistik eine überraschende Information enthält, der Rückzug in die so genannte *Poppenbüttel-Metapher*: „Ich habe aber eine Tante in Poppenbüttel, bei der das genau umgekehrt ist". Eine Variation dieses Effekts ist der selbstbezügliche und irgendwie verschwörungstheoretische Zweifel, der sich in dem Satz offenbart: „Wenn mich mal jemand gefragt hätte …" Soll heißen: Dann wäre natürlich ein ganz anderer Befund herausgekommen. Andererseits wird Statistik von Jung auf als *Legitimationsbasis* für bestimmte Ansprüche missbraucht, wenn schon die Kinder darauf verweisen, dass in der Schule *alle* ein bestimmtes Kleidungsstück oder das neueste Smartphone besitzen, nur *sie* nicht. Hier entstehen die ersten Fundamente für die Selbsttäuschung, in der die Realität aus einer Wunschvorstellung entworfen wird.

Daher kommen unsinnige Statistiken immer dann zustande, wenn zuvor bewusst oder fahrlässig unsinnige Zusammenhänge zugelassen werden, wenn etwa Konsumenten durch „wissenschaftlich erwiesene" Wirkungen bestimmter Lebensmittel zum Kauf animiert werden sollen; wenn einfache parteipolitische Zusammenhänge oder Verantwortlichkeiten für Probleme konstruiert werden, deren Ursachen Jahrzehnte zurückliegen, als noch andere Parteien an der Macht waren; wenn Verschwörungstheorien begründet werden sollen oder lärmende Anglizismen an die Stelle recherchierter Informationen treten, die dann nach Maßgabe ihrer künstlichen Parameter sich selbst statistisch bestätigen. Wenn also, um zum Titel des Buches zurückzukommen, ein „fauler Zahlenzauber" vorgeführt wird. Früher sprach man von *Milchmädchenrechnungen*, ein Begriff, der gelegentlich auch in der kritischen Wirtschaftswissenschaft oder in der politischen Polemik verwendet wird, wo dann auch von der *Milchmädchen-Ökonomie* die Rede ist.

Die *American Statistical Association* hat, um die Umtriebe dieser Milchmädchen-Statistik aus dem offiziellen Kanon einer verantwortungsvollen Statistik zu verdrängen, die Unterscheidung zwischen den professionellen Nutzern der Methoden und den „Me Too"-Experten und selbst ernannten Zeitgeistinterpreten getroffen. Nassim Taleb, vor allem bekannt geworden durch sein Buch „Der schwarze Schwan", bezeichnet diese Manöver als *Maskerade*, in der modische Schwadroneure sich als Statistiker verkleiden. Sie geben vor, gleichermaßen mathematisch und in empirischer Methodologie ausgebildet und erfahren zu sein, liefern aber willkürliche Interpretationen von beliebig zusammengeschraubten Zahlenwerken oder Sensationen, um in der Ökonomie der Aufmerksamkeit wieder ein paar Zeilen in einer Zeitschrift oder einem Online-Portal zu füllen. Die Erzählform dieser Unsinnigkeiten ist meist die einer vorgeblichen „Studie". Es ist wie bei der Zahl *drei* für die Interviews. Keiner kennt den tieferen Sinn wirklich. Man kann ganze Bücher mit der Falsifikation derartiger Interpretationen füllen. Eine gute Übersicht bietet die folgende Website: http://www.stat.uni-muenchen.de/~kneib/statistik1/download/einfuehrung.pdf.

Zusammengefasst: Hier steht also die Relativität jeder Berechnung im Zentrum der Aufmerksamkeit, auch das Bewusstsein dafür, dass sich die Wirklichkeit nicht nach den Berechnungen richtet, sondern einer eigenen, wenngleich vermutlich zwar irgendwie logischen, dennoch aber in der Praxis oft undurchschaubaren Dynamik folgt. Handeln muss man aber trotzdem, privat und – was eben im vorliegenden Zusammenhang der Herausforderungen an das Management ebenso wichtig ist – beruflich.

1.3   Was ist der Nutzwert dieser Abhandlung?

Um also gleich die unvermeidliche Frage zu beantworten: Was ist der *Nutzwert* dieses Buches? Ganz einfach: eine unterhaltsame, dennoch aber wirtschafts- und sozialwissenschaftlich fundierte Einsicht in die wundersamen Volten der alltäglichen Rechenkunststücke in Wirtschaft (hier vor allem: das Management betreffend) und Gesellschaft (hier vor allem im Hinblick auf das Verständnis der Grundlagen wirtschaftlicher Zusammenhänge). Dabei wiederum muss man nun der Versuchung widerstehen, eine bloße Kompilation vorzulegen, wie es Dutzende gibt, die in einer meist unerklärlichen Zahlenmystik aus zwölf, 52, 100 oder sonstwie sortierten Ordnung „Irrtümer" – in diesem Fall die der Mathematik oder der Statistik – aufzählen. Das ist immer leicht zu lesen, vor allem, weil die Erzählstruktur sich ebenso wenig ändert wie die Seitenzahl der einzelnen Fälle, Nachttisch- oder auch Nachtisch-Lektüre, zum Schmunzeln, leicht verdaulich.

Doch es geht hier um gravierendere – und mit Absicht nicht nur um wirtschaftliche – Fälle, um Erzählungen, die das Verhalten im Alltag nachhaltig prägen. Diese Geschichten sind meist nicht folgenlos, haben gelegentlich enorme Konsequenzen für die Zukunft, und das auch dann, wenn sie nicht plausibel *sind*, sondern nur plausibel *erscheinen*. Genau das ist eben, wann immer weitreichend interpretierte Zahlenwerke auftreten, der Grund, Fragen zu stellen und Konsequenzen zu messen. Das ist nicht ganz einfach.

Denn der Lektüre wird sich der Eindruck verdichten, dass die statistischen Künste höchst raffiniert eingesetzt werden. Und es ist bei oberflächlicher Betrachtung kaum sichtbar, auf welch brüchigem Fundament sie sich oft gründen. Meist wird aber die Frage nach der Plausibilität gar nicht gestellt. Wobei es natürlich auch die Frage beantwortet wird, *warum* das geht. Zweitens soll, wie schon angedeutet, die Frage beantwortet werden, welche Alternativen denn eine fundierte Wirtschafts- und Sozialforschung anzubieten hätte. Auf diesem Gebiet wird es – und das soll reiner Nutzwert sein – in den fünf Methodologischen Intermezzi präzise Vorgehensweisen und geben, denen individuelle Methoden und Techniken für die jeweils individuellen Herausforderungen ähnlicher Art abgeleitet werden können.

Ziel ist die Bestätigung einer Einsicht, die in der Managementforschung in den letzten Jahren zusehends an Gewicht gewonnen hat: die Bedeutung der auf der Kommunikation vieler unterschiedlicher Geister begründeten flexiblen Handlungskompetenz zur Vorbereitung von Entscheidungen. Wir dürfen nur die andere Seite nicht vergessen – die öffentliche Reaktion auf wirtschaftliche Entscheidungen. Die setzt eine einschlägige Bildung voraus. Eine Bildung, die sich eben nicht in der leicht verdaulichen und hirngerechten Erzählstruktur einfacher Begründungszusammenhänge erschöpfen kann.

Nun gehören dazu zwei Dinge: die Fähigkeit, *nachzudenken* und die Fähigkeit *nachzurechnen*. Traditionell wurde die eine auf eher „humanistischen" Bildungseinrichtungen oder in entsprechenden Disziplinen, die andere in mathematisch-naturwissenschaftlichen „Zweigen" oder Fachbereichen gelehrt. Diese Trennung war und ist fatal und irreführend. Der Sinn solcher Gedankenspiele besteht ja darin, auf eine Zukunft vorzubereiten, die niemand vorhersehen kann, damit auch die Handlungskompetenz virtuoser und kommunikationsfähiger Individuen zu stärken, wenn denn unerwartete Herausforderungen eintreten. Das heißt auch: die Kompetenzen einer grundständigen *mathematischen* Intelligenz (und ihrer praktischen Umsetzung in Statistik) mit der *literarischen* Kompetenz zu versöhnen, das große Ganze als eine Erzählung, als einen Text zu sehen, in dem man selbst wie jeder andere gleichzeitig Figur und Autor ist. Das wird sich, wie gesagt, an den vielen teils amüsanten, teils bestürzenden Beispielen zeigen, die veranschaulichen, wie hanebüchene Statistiken als Folge unzureichender sprachlicher Kompetenzen entstehen.

Die statistischen Verfahren der Forschung dienen dem Ziel, mit Hilfe mathematischer Mittel aus einer repräsentativen Anzahl von Beobachtungen allgemeingültige Schlussfolgerungen zu ziehen und die Reichweite dieser Schlussfolgerungen konkret zu bestimmen. Berechnungen der Zukunft sind von besonderem Interesse. Möglich sind sie allerdings nur auf einem recht trivialen Niveau, auf dem wenige Faktoren miteinander in Beziehung gebracht werden können, deren Wirkungszusammenhang durch eine klare Kausalität bestimmt ist. In diesem Zusammenhang ist es eine der wichtigsten Aufgaben der Statistik, die Grenze zu finden, jenseits derer sich, was die jeweiligen Fragen anbetrifft, nichts mehr berechnen lässt. An dieser Grenze entstehen Fragen – nach der Zukunft, nach weiteren Handlungsoptionen. Grundsätzliche Fragen nach der Möglichkeit der Gestaltung, nach denkbaren Konsequenzen, Verantwortung für nicht berechenbare Folgen, nach der Rückholbarkeit von Entscheidungen, Nebenwirkungen, versteckten Kosten. Kritische Fragen von hoher Komplexität. Und genau das ist das Problem. Diese Fragen sind *kompliziert*, oder zumindest *klingen* die Antworten kompliziert, die zudem oft noch von Zweifeln durchsetzt sind. Die einfachste Form, diese Zumutungen zu konterkarieren, besteht darin, sie als verquaste Produkte weltfremder und wirtschaftsferner Insassen des (ein beliebtes Motiv) *Elfenbeinturms* zu diskreditieren, in schöne Geschichten zu verpacken und Erlösung zu versprechen. Zur Enttarnung solcher Strategien also ist mathematische und statistische Kompetenz notwendig.

Somit ist es also für jeden – ganz gleich ob Führungskraft oder Nachwuchstalent – eine Aufgabe, den kritischen Blick auf die Verunsicherung der Öffentlichkeit durch Ideologien, Scharlatanerien, Opportunismen, falsche Berechnungen, politische Winkelzüge und faulen Zahlenzauber zu richten; in einer Welt, die durch Zahlen dominiert ist, die Hintergründe des Zahlenwerkes offenzulegen; die Kontexte der jeweiligen Befunde zu erkunden; die Bedeutung von Informationen zu durchdringen; den Geist für überraschende Innovationen wachzuhalten; im Lärm der Daten noch die Stille zum Nachdenken zu finden; vor allem: nicht vor der vermeintlichen Überfülle der Daten zu kapitulieren; gleichzeitig aber nicht der vermeintlichen Hegemonie der Mathematik in Wirtschaft und Gesellschaft durch haltlose Romantik zu entfliehen, sondern die bereits benannte Kompetenz zu entwickeln, der im Alltag angewandten *Mathematik* die *richtigen Fragen* zu stellen.

Dazu bedarf es also der *hermeneutischen* Kompetenz, das heißt: die Wirklichkeit als einen großen zusammenhängenden Text zu verstehen, als eine Erzählung, oder – wie es etwas modernistisch heißt – als ein Arrangement von *Narrativen*. Die müssen genau wie die Zahlen auf ihre Plausibilität geprüft werden. Denn das Interessante an den Erzählungen, die den Alltag unbemerkt prägen, ist ihre vermeintliche Selbstverständlichkeit. Man fragt oft gar nicht erst, ob das Muster stimmt. Man fragt nicht Gründen, zum Beispiel bei den erwähnten Interviews: Es ist eben so. Jeder kennt solche Geschichten und viele werden sich insgeheim lächelnd erinnern, sie selbst bereits erzählt zu haben. Es sind, nur zum Beispiel, Geschichten von den testosterongetriebenen Brokern, die einer Menge Schlagzeilen zufolge „Schuld an der Finanzkrise" trugen. Es sind Success-Stories, die zum Best Practice und mithin zur Nachahmung erhoben werden, oder die Geschichten, in denen vom Buch über Städte bis zur Universität in Dramen von Aufstieg und Fall Hitparaden (*Rankings*) inszeniert werden. Es sind Geschichten von Konfrontationen, die besonders interessant und natürlich beliebt sind, Frauen und Männer, Alte und Junge, Autofahrer und Radfahrer, Geschichten insgesamt, die eben zur vermeintlichen *Reduktion von Komplexität* beitragen, aber auch Geschichten, mit denen sich gute Geschäfte machen lassen, Geschäfte von Gurus, Bestseller-Autoren, Ratgebern, Finanzberatern, die sich durch die Bank rühmen (und von ihren journalistischen Begleitern rühmen lassen), dass sie doch auf diesen unsäglich wissenschaftlichen *Jargon* verzichten (*Jargon*, als sei die Wissenschaftssprache das Verständigungssystem verdächtiger Vaganten); die eine tief sitzende oder auch listig kalkulierte Abneigung gegen die aus ihren Augen elitären Bewohner der Elfenbeintürm pflegen: gegen *Professoren*, die zudem noch *Beamte* sind, und, was erschwerend hinzukommt, *Intellektuelle*, die immer wieder die schönen und so filigran aufgebauten Kausalitäten zerstören, zu allem Überfluss noch unkündbar sind und faul.

Zahlen und Erzählungen 1: Anekdoten und System

2

▶ Die tägliche Zeitungslektüre bietet ein amüsantes, mitunter nachdenklich stimmendes Panoptikum von Zahlenwerken über jedes auch nur erdenkliche Thema und erzeugt Irritationen. Denn man stößt auf jede Menge Widersprüche. Da werden auf der einen Seite die wirtschaftlichen Aktivitäten von Professoren diskreditiert, auf der anderen die Praxisferne der Universitäten beklagt. Dieser Praxis wiederum, damit auch den Managern, wird Umsetzungsschwäche vorgeworfen. Denn Vieles, was in Deutschland erfunden wurde, sei, so liest man immer wieder, erst im Ausland zu Geld gemacht worden. Geldmachen ist aber andererseits auch verdächtig, wie die Finanzkrise zeigt, deren Ursache offensichtlich im Testosteronüberschuss von Managern liegt. Gleichzeitig aber werden unglaubliche Tipps für die Erhöhung der Gewinnchancen beim Lottospiel breit diskutiert – dem volkstümlichen Pendant zur Success-Story im Wirtschaftsbereich. Wobei nun wieder jede Menge wirtschaftliche Success-Stories zur allgemeinen Nachahmung empfohlen werden, was ja irgendwie nicht so ganz mir der Umsetzungsschwäche übereinstimmt. Und alles, aber auch wirklich alles, ist mit Zahlen unterlegt. Ein Methodologisches Intermezzo wird, um diese Widersprüche exemplarisch aufzuarbeiten, auf diese letzte Frage konzentriert: Wann eigentlich ist eine Success-Story als Vorbild geeignet? Oder anders ausgedrückt: Wann ist ein Einzelfall „kein Einzelfall"?

H. Rust, *Fauler Zahlenzauber*,
DOI 10.1007/978-3-658-02517-5_2, © Springer Fachmedien Wiesbaden 2014

2.1 Faule Professoren und Wirtschaftsferne der Wissenschaft

Das zumindest ist die Quintessenz einer Diagnose, die mit dem reißerischen Titel „Professor Untat: Was faul ist hinter den Hochschulkulissen" 2007 von den Autoren von Kamenz und Wehrle getroffen wurde. In der *Süddeutschen Zeitung* fasste Kamenz, selbst Fachhochschul-Professor, zusammen: „Die Hälfte der Hochschullehrer kommt ihrer gesetzlichen Pflicht zu forschen und zu lehren nur ungenügend nach. Die meisten sind didaktische Dilettanten. Ein Plädoyer wider professorale Untätigkeit."

Dass dieses Beispiel an den Anfang der Sammlung gereiht wird, hat drei Gründe: Erstens liefert es einen anschaulichen Beleg für die publizistische Wirkung des faulen Zahlenzaubers in Kombination mit einem verbreiteten „Narrativ". Zweitens berührt, ohne dass dies auf den ersten Blick sichtbar würde, das Beispiel unmittelbar eine wirtschaftspolitisches Problem. Das wird deshalb nicht sichtbar, weil eine wichtige Frage nicht gestellt wird. welche, das wird sich gleich zeigen. Drittens lässt sich mit hübscher Beliebigkeit auch das Gegenteil beweisen, wie ebenfalls gleich deutlich werden wird. Zunächst aber ist die Bereitwilligkeit bemerkenswert, das Narrativ goutierlich zu verbreiten. „Erwischt, Herr Professor!", schrieb *Spiegel online* auf seiner Uni-Seite. Eine Zusammenfassung weiterer Rezensionen des Buches findet sich unter folgendem Link:

http://www.amazon.de/Professor-Untat-faul-hinter-Hochschulkulissen/ dp/3430200180.

Diese Bereitwilligkeit zur Reproduktion eines nicht unumstrittenen Befundes verwundert einfach deshalb, weil die Rechnung nicht aufgeht. Schauen wir uns das näher an, und zwar noch aus einem zweiten Grund, dem eine relativierende Bemerkung vorausgestellt werden muss: Niemand bezweifelt, dass die 44 Fälle authentisch sind. Niemand bezweifelt darüber hinaus, dass es Professoren gibt, die ihren Pflichten nur unangemessen nachkommen. Allerdings ist die Schlussfolgerung, dass es die Hälfte des aktiven Personals sei, verwegen. Dass sie dennoch so unkritisch akzeptiert wird, bietet auch eine Erklärung dafür, dass in der Öffentlichkeit wissenschaftliche Informationen oft weit weniger wert sind als die Auslassungen von selbst ernannten *Public Intellectuals*, die mit sensationellen „Studien" täglich die Schlagzeilen beherrschen: Trendforscher, Populär-Philosophen, Medizin-Gurus. Auch wenn ständig von der *Bildungsrepublik* die Rede ist, bleiben das System und die, die es tragen, unter dem Generalverdacht von Faulheit, Abgehobenheit, Weltfremdheit. In dieses Bild passt eben auch die Diskreditierung von Lehrern durch

Politiker als „faule Säcke" und sekundärmotivierte Studierende, die hauptsächlich an langen Ferien und ihrer späteren Pension interessiert sind. Näheres dazu:

http://www.zeit.de/1995/26/Faule_Saecke_

Methodologischer Ausgangspunkt war eine Stellenanzeige in der *Zeit*, in der nach Professoren gesucht wurde, die mindestens zwei Tage in der Woche für einen Nebenjob erübrigen konnten. Ein Dienstwagen werde gestellt. Das Echo auf diese Anzeige wird von den Autoren als *entlarvende Selbstbezichtigung der deutschen Professorenschaft* gefeiert: „Unser Köder schien zu schmecken. Mit fünf bis zehn Zuschriften hatten wir gerechnet – von 44 Bewerbungen deutscher Professoren wurden wir überflutet." Das Problem ist nur: In Deutschland lehren und forschen 38.000 Professoren. Wie viele auch immer davon dieses Inserat lesen konnten, ist nicht bekannt. Schätzungen eines damaligen Studienprojektes gehen davon aus, dass ein Inserat in der *Zeit* nach gängigen Kriterien der Werbeträgeranalysen maximal etwa 450.000 Personen erreicht, von denen aber nicht bekannt ist, wie viele als Professoren arbeiten. Aber selbst bei der Minimalschätzung von 5000 läge die Rate der Interessenten immer noch unter einem Prozent. Legt man die Kriterien an, die die „Studie" selbst formuliert (was im wissenschaftlichen Sprachgebrauch *immanente Kritik* heißt), müssten diese 5000 Akademiker nachweislich als repräsentativer Querschnitt der mindestens 19000 ausgewiesen sein. In jedem anderen statistischen Fall würde der Mangel dieses Nachweises stürmische Kritik hervorrufen, etwa bei den Hochrechnungen der Befragten aus den Sonntagsfragen zu Wahlabsichten. Aber selbst die Einschränkung des Geltungsbereiches der kühnen These auf diese Hälfte wird ignoriert. So kommt *Die Zeit* am 20. August 2008 zum Fazit, dass gleich das ganze System faul sei: „Faule Profs, faules System: Sprechstunden fallen aus, Seminare sind überfüllt, Vorlesungen langweilig. Schuld sind Professoren, die aus Standesdünkel und Desinteresse ihre Studenten ignorieren."

Das stimmt ja alles fallweise. Aber wo ist die Recherche der konkreten Zahlen?

Die Verallgemeinerung auf die „Hälfte der deutschen Professoren" fußt also auf einem Geltungsanspruch, der im Promillebereich liegt. Auch wenn die Autoren auf weitere Gespräche verweisen, reduziert sich das Problem nicht, denn es wird nicht klar, wie viele Gespräche es waren, wie die Auswahl getroffen wurde und wie die Fragen formuliert waren. Was sich hier vorgeblich zeigt, basiert auf anekdotischer Evidenz und bedient ein Stereotyp, das sich in der Bundesrepublik beharrlich hält und als Muster für eine bestimmte Art von Geschichten dient: Die „schwarzen Schafe" stehen für einen Missstand, der einen weit größeren Teil der Grundgesamtheit repräsentiert, aus der diese Personen stammen. Nur wird diese Repräsentativität eben durch Beispiele und nicht durch Zahlen dokumentiert.

Diese Beispiele kursieren als narrative Module durch die Argumentation. Sie sind sensationell und mithin einprägsam, können jederzeit an die Stelle differenzierter Argumente gesetzt werden und prägen die Dynamik der anschließenden Gespräche. Jeder kannte einmal einen Professor, der ins Bild passt. Oder kannte jemanden, der ihm erzählt habe, was an der Universität „wirklich" ablaufe.

Irritierend an dieser Geschichte ist die Tatsache, dass sie mit vielen anderen Geschichten über dieselbe Personengruppe kollidiert – mit der Diagnose des Bundesverfassungsgerichts etwa, dass Professoren nicht leistungsgerecht bezahlt würden. Gut, darüber kann man noch diskutieren. Aber es gibt weitere Widersprüche: der so genannte *Brain Drain*, also die Abwanderung von wissenschaftlichem Talent, die die Öffentlichkeit doch auch hin und wieder alarmiert. Weiter passt das auch nicht zur breit beworbenen Kampagne der an Studenten gerichteten Zeitschrift *unicum*, regelmäßig den *Professor/die Professorin des Jahres* zu küren, die im Kapitel über Rankings noch näher erörtert wird. Es widerspricht Zehntausenden von Beispielen für die engagierte Arbeit von Frauen und Männern im Wissenschaftsbetrieb, die allerdings kaum eine gute Schlagzeile abgeben. Die Kraft der Erzählung prägt die Macht der Zahlen.

Daher kommt man mit Statistik aus dieser Nummer nicht mehr raus, denn die Beispiele sind aussagekräftig. Der Professor, der seine Vorlesungen von Assistenten halten lässt. Der Ordinarius in der Medizin, der lukrative Privatpatienten versorgt. Der Institutsvorstand aus der Architektur, der nebenher eine Firma führt. Der Kunstprofessor, der aus Übersee seine Seminare auf Videokassetten geschickt hat. Der Lehrstuhlinhaber für Immobilienwirtschaft, der gleichzeitig Vorstandsvorsitzender eines einschlägigen Unternehmens ist. So liest sich denn in einem Blog mit dem Titel *Forschungsmafia* das Ergebnis der Studie (die Hervorhebungen sind von mir): „Der Artikel bestätigt voll und ganz das, was ich während meiner Zeit als Mitarbeiter *jedenfalls bei einigen* Exemplaren mitansehen mußte: Offiziell wird gejammert, daß man also Professor 80 h die Woche arbeiten müßte, de facto ist man abwesend und kümmert sich um Privat-/Zusatzgeschäfte. Und das ist *kein Einzelfall*. So konnte mir das Wissenschaftsministerium in Hessen (eins der Länder, das Studiengebühren nimmt) nicht erklären, warum *ein Professor* einerseits als Beamter aus öffentlichen Geldern bezahlt wird, andererseits aber den überwiegenden Teil seiner Zeit als Direktor eines Fraunhofer-Instituts verbringt (und dafür vermutlich nochmal kassiert, was zudem dem Doppelbesoldungsverbot zuwiderliefe)."

Noch einmal: Alle diese und viele weitere Beispiele sind nachweislich richtig. Die Frage ist nur: Sind diese Einzelfälle „keine Einzelfälle"? Das Muster ist sehr deutlich: Wenige Fälle, lockerer Umgang mit Statistik, und am Ende: eine *Theorie*. Schon 1997 wandte sich der Deutsche Hochschulverband in einer kritischen Resolution zu gleichlautenden Publikationen an die Öffentlichkeit, was aber bei den Kritikern nur die Bestätigung der Annahme war, begründet durch eine Fabel:

„Eine Krähe hackt der anderen kein Auge aus". Und wer liest schon die wunderbare Satire von Michael Martinek, Juraprofessor an der Universität des Saarlandes, der mit Hilfe einer geradezu beispielhaften Statistik beweist, dass der „faule Professor" allenfalls, wenn es hoch komme, 25 h am Tag arbeite.

http://archiv.jura.uni-saarland.de/projekte/Bibliothek/text.php?id=274.

Auch wenn diese Satire übertreibt, dokumentiert sie doch, wie mit Hilfe von Berechnungen jedes beliebige Bild erzeugt werden kann. Das ist eben das Wichtigste an der statistischen Arbeit: die vorurteilsfreie, also von keiner Erzählung beeinflusste Überprüfung der Daten und Fakten im Hinblick auf den formulierten Erkenntnisanspruch.

Da wird das gravierende Problem sichtbar, dass die Gleichsetzung von Beispielen und System auch dann zu einer Beschädigung des Systems führt, wenn die Beispiele nicht repräsentativ sind. Da nun Studierende zu diesem System gehören und ihre Zukunftschancen von diesem System mit geprägt sind, haben solche Geschichten in der Tat, wie schon angedeutet, enorme gesellschafts- und wirtschaftspolitische Konsequenzen. Denn zu dieser Zeit, 2008, waren an deutschen Universitäten Zehntausende von Professorinnen und Professoren und die Wissenschaftlichen Mitarbeiter damit beschäftigt, die Vorgaben der europaweiten Hochschulreform („Bologna-Prozess") in einen praktischen und praktikablen Studienalltag zu transformieren. Das geschah nicht ohne Kontrolle: Die Studien- und Prüfungspläne mussten Akkreditierungs-Kommissionen vorgelegt werden. Ihre Ausführung wurde überprüft und nach einem gewissen Zeitraum einer Evaluation unterworfen. Erste Informationen dazu:

http://www.zeva.org/de/ueber-die-zeva/akkreditierungskommission-sak/.

Wichtiger als all dies aber eine nicht gestellte Frage: Welche Fachwissenschaftler antworten eigentlich auf solches Inserat? Immerhin geht es ja um *wirtschaftliche* Tätigkeiten. Man kann also annehmen, dass es hauptsächlich Professoren *aus wirtschaftsnahen* Disziplinen sein werden. Das würde also bedeuten, dass das selbstrekrutierte Sample auch inhaltlich nicht *die* Professorenschaft repräsentiert. Und so geriete das Erzählmuster in ziemliche Schwierigkeiten: „Faule Wirtschaftsprofessoren"? Das passt irgendwie nicht ins Bild der öffentlichen Meinung von den „faulen Säcken".

Und wäre nicht die Bereitschaft von Akademikern, sich den Problemen der wirtschaftlichen Praxis zu stellen, eigentlich positiv zu werten? Wäre also die Tatsache, dass sich nur 44 Personen interessierten, eine Bestätigung der Praxisferne der deutschen Akademiker?

Eines der wichtigsten Argumente in der erwähnten Hochschulreform war ja doch genau diese fehlende Praxisnähe der Universitäten und ihrer Repräsentanten, das heißt: der Mangel an Erfahrungen in der Wirtschaft und die für das deutsche Wirtschaftssystem geradezu desaströse Theorielastigkeit.

Nun wären zwei Dinge wichtig: erstens die Überprüfung der eben formulierten Argumente, Fakten und Hinweise, zweitens und hier interessanter: sich einmal *dieses* System der Wirtschaft anzuschauen, beziehungsweise den Zahlen und Erzählungen über die Wirtschaft. Man wird auffällige Parallelen entdecken. Da geht es ja, wenn man manchen alltäglichen Erzählmustern glaubt, noch schlimmer zu. Stichwort: *Manager!* Diagnose: *Gier!* Inkompetenz! Und überhaupt: *Nieten im Nadelstreif!*

2.2 Umsetzungsschwäche und warum es besser ist, im Lotto nichts zu gewinnen

Denken Sie nur an das unausrottbare Talkshow-Narrativ, dass so viele auf dem Weltmarkt außerordentlich erfolgreiche Produkte zwar in Deutschland erfunden, aber in anderen Ländern (in den USA und in Japan vor allem) zur Produkt- und Marktreife gebracht wurden.

Einige meiner Studenten haben sich in den vergangenen Semestern im Rahmen eines Studienprojekts einmal den Spaß gemacht, in einer Internetrecherche die erschütternden Beispiele für diese Umsetzungsschwäche der deutschen Wirtschaft zu sammeln, die hier (aus verschiedenen Quellen) wiedergegeben werden:

Beispiel

Oskar Barnack entwickelte 1925 die erste Kleinbildkamera der Welt. Er arbeitete damals für die Firma Leitz in Wetzlar. Geblieben ist vom Ruhm dieser einzigartigen Erfindung nur wenig. Die große Masse an Kameras kam aus Asien (bis die Smartphone die Rolle übernahmen).

Die Firma AEG entwickelte 1935 das erste Tonbandgerät. Damit baute das Unternehmen den Prototyp für alle Tonbandgeräte, die im Laufe der Zeit auf den Markt kamen. AEG gibt es nicht mehr.

Das MP3-Format wurde am Fraunhofer-Institut erfunden. Die wesentlich an der Entwicklung beteiligten Forscher erhielten dafür lediglich Lizenzgebühren, angeblich immerhin 300 Mio. €.

Ingenieure der TU Aachen konstruierten 1973 einen Mischmotor, der mit Benzin und Strom angetrieben werden kann, und setzen ihn in einen VW-Bus ein. Zur Marktreife brachten diesen Antrieb allerdings die Japaner.

Das PAL-Verfahren für Farbfernsehen wurde ebenfalls von einem Deutschen erfunden. Das US-Unternehmen Radio Corporation of America (RCA) baute die ersten Aufzeichnungssysteme.

Die meisten Patente für Flüssigkristall-Technologie liegen bei der Firma Merck in Darmstadt. Diese Technik ist Voraussetzung für den LCD-Fernseher. Hergestellt werden die meisten der Geräte heute in Asien.

Das Telefon: Zum Patent gemeldet von Graham Bell im Jahre 1876. Erfunden hatte es allerdings ein Deutscher Physiker namens Philip Reis.

Der Transrapid, in Deutschland erfunden, politisch nicht durchsetzbar, nun „in China" eingerichtet. Dort so beliebt, dass die Chinesen jetzt ihre eigene Magnet-Bahn entwickeln.

Das Fax-Gerät, erfunden von Rudolf Hell. Siemens erkannte die Technik nicht als zukunftsweisend.

In dieser Geschichte der „Umsetzungsschwäche", die ebenfalls aus nachweislichen empirischen Befunden besteht, wird eine Bedrohungskulisse errichtet. Die wirkt aber nur deshalb so bedrohlich, weil niemand hinter sie schaut. Dann nämlich würde man erkennen, dass sie ein potemkinsches Produkt und nur deshalb plausibel ist, weil der Begründungszusammenhang willkürlich da abgebrochen wird, wo ein opportunes Ergebnis formuliert werden kann.

Einige Fragen wären daher zu stellen, die diesem Talkshow-Ritual einen unterhaltsameren Akzent verleihen könnten: Erstens nämlich und in der üblichen Art einer befriedigenden Retourkutsche sollte man mit nicht allzu arrogant gerunzelter Stirn doch einmal nachfragen: Wie viele Erfindungen aus dem Ausland sind nicht dort, sondern in *Deutschland* zur Marktreife gebracht worden? Und wenn die Antwort wäre, dass es (was übrigens nicht der Fall ist) nur wenige sind, müsste man sich schon Gedanken machen, ob unseren Mitbewerbern auf dem Weltmarkt in der Vergangenheit zu wenig eingefallen ist.

Da das als Hochmut missverstanden werden könnte, schnell die zweite Frage, für die man auch ungezählte Beispiele sammeln kann: Was ist denn eigentlich alles in Deutschland erfunden worden und wird auch hier gewinnbringend produziert? Im Maschinenbau und der Chemie, in der Pharmazie, auf dem Gebiet der Werkstoffe ebenso wie auf dem der Prozesstechnik, auf dem Agrarsektor, in der Lebensmittelindustrie, der Ökologie und Tausenden anderer Spezialsektoren?

Schon die Aufzählung brächte Stimmung in das Ritual, wenn auch nicht immer gute. Vor allem, wenn man das *Auto* erwähnte und ein österreichischer Diskussionspartner darauf hinwiese, dass eigentlich ein *Österreicher* namens Siegfried Marcus das Auto erfunden habe. Dem sollte man nicht widersprechen, denn es wäre ja ein trefflicher Beleg dafür, dass die Deutschen mindestens ebenso gewandt in der

Umsetzung andernorts erfundener Technologien wären, wie man es den Auslän-
dern mit deutschen Erfindungen andichtet. Die Auseinandersetzung ist weniger
wegen ihres Unterhaltungswerts interessant (wozu natürlich auch erwähnt werden
könnte, dass Siegfried Marcus in Mecklenburg geboren wurde und erst – beziehungsweise wie man in österreichischen Biografien liest: *schon* – mit 21 Jahren
nach Wien übersiedelte). Sie ist vor allem lehrreich aus statistischen Gründen: Um
nämlich abschätzen zu können, ob Deutschland wirklich ein „Land der geklauten
Ideen" (*spiegel.de*) ist, müsste man wissen, wie die Relation sich darstellt. Was nicht
heißt, dass die These nicht weiter geprüft werden muss. Vor allem, immer wieder.
Selbst wenn es in der Vergangenheit so war, heißt das nicht, dass der Befund weiter
gültig ist. Noch ein *Aber*: Die Diagnose ist schlicht abhängig vom forschungspoliti-
schen Standpunkt, denn sie enthält die implizite (also irgendwie mitschwingende)
Theorie, dass es gut sei, Dinge nur in dem Land zu produzieren, in dem sie erdacht
worden sind. Längst nicht alle Wirtschaftswissenschaftler von Rang teilen diese
Idee. Vor allem nicht im Hinblick auf geistige Monopole, die einen Wettbewerb um
Innovationen behindern. Hier wird also eine völlig *verquere Logik der Globalisierung* begründet. Abgesehen davon widerspricht diese Diagnose auch der Tatsache,
dass Deutschland eine sehr starke Exportwirtschat aufgebaut hat, die zur relativ
guten Bewältigung der – nächstes Stichwort – *Finanzkrise* beiträgt.

Die „Finanzkrise" ist vor allem aus höchst individuellen Gründen interessant,
weil sie in der Öffentlichkeit verständlicherweise in erster Linie mit der Frage
verknüpft wird: Geht es nun an mein Geld? *Bild, Stern, Spiegel, Focus* und andere
Medien haben diese Frage gleichlautend gestellt, viele Worte drum gemacht, aber
leider nicht beantwortet. Daher kursieren nun allerlei Geschichten, von denen man
sich eine Beantwortung verspricht. So ging zum Beispiel eine ziemliche Schockwel-
le durch die Öffentlichkeit, als im Zuge der Aufbereitung der Zypern-Krise verhan-
delt wurde: Wie *reich* ist im internationalen Vergleich eigentlich Deutschland? Es
stellte sich zunächst einmal in einem „Reichtums-Ranking" heraus, dass die Deutschen viel *ärmer* waren als all die anderen Länder, denen Hilfe zuteilwerden sollte.
Es war verwirrend zu sehen, dass Zyprer, aber auch Spanier und Italiener mehr
Vermögen besaßen als Deutsche.

Die Story war klar: Die faulenzen auf unsere Kosten!

Doch viele Zeitschriften und Zeitungen fragten in diesem Fall allerdings differenziert nach, und so wurde auch klar, dass die Rankings je nach Frageform
sehr Unterschiedliches aussagten. Auf diese Weise wurde die wohlfeile Idee von
der Alimentierung der reichen Südländer wieder relativiert. Denn Deutschland
rangierte je nach Maßgrößen (Vermögen, Einkommen, BIP pro Einwohner), mal
deutlich hinter Zypern, Spanien, Italien, sogar Griechenland und Portugal auf Platz
15, dann wieder auf Platz 9 etwas abgeschlagen hinter Spanien und Italien, dann

wieder auf Platz 6 *vor* allen genannten Ländern. All das war nachzulesen, allerdings musste man sich ein wenig bemühen, die Logik von Rankings zu verstehen und die lärmenden Schlagzeilen vieler Medien mit dieser Logik relativieren. Mit anderen Worten, es war vorteilhaft, ein wenig von Statistik und Empirie zu verstehen, und zwar dies: Es ist unerlässlich zur Interpretation der publizierten Befunde zu wissen, was die jeweiligen Studien tatsächlich konkret gemessen haben. Sobald sich eine Schlagzeile von diesem mehr oder weniger engen Horizont löst, schafft sie politisch brisante Desinformationen.

Geschichten. Erzählungen. Narrative! Muster der Realitätserfassung. Auch im Finanzwesen. Das wird besonders deutlich, wenn man die täglichen semantischen Pirouetten anschaut, die versuchen, die Entwicklungen des Aktienmarktes zu prognostizieren, wo ja eine Menge alarmierende Nachrichten kursieren (mehr dazu im fünften Teil des Kapitels 3). Aber keine war so alarmierend wie die erschütterndste Finanznachricht der letzten beiden Jahre. Sie stammt vom 28. November 2011 und richtete sich an Abermillionen Anleger, die in Erwartung gigantischer Renditen jeden Mittwoch und jeden Samstag beträchtliche Summen investieren: die *Lottospieler.*

Die Quintessenz der Nachricht lautete: Es ist besser, im Lotto nichts zu gewinnen als 29.000 €. Warum? Weil damals im deutschen Lotto die Zahlen 3, 13, 23, 33, 38, 49 fielen – 69 Lotto-Spieler hatten sie gewählt und sahen sich nun mit der schaurigen Wirklichkeit konfrontiert, für sechs Richtige nur den Bettel von 29 Tausendern zu bekommen. „Der Traum vom Millionärsleben platzte", vermerkte *Bild* einfühlsam. Es gab aber auch Trost, denn am 25. April 1984 hatten ebenfalls 69 Spieler die Gewinnzahlen 1, 3, 5, 9, 12 und 25 angekreuzt. Jeder von ihnen erhielt damals für diese sechs Richtigen weniger als umgerechnet 10.000 €. Das ist für das deutsche Samstagslotto der bisherige Negativrekord.

Jetzt also wieder 69. Unglückszahl?

Selber schuld, ist man geneigt, den Kondolenzlisten der Medien hinzuzufügen, denn man liest doch allerorten, dass man solche Zahlen nicht tippt. Das verletzt doch alles, was die Lottologik gebietet: keine waagerechten, senkrechten oder diagonalen Muster; auch V-Formen oder Kreuze nicht; überhaupt keine Muster. Dann Geburtstage der Baby Boomer meiden, die noch im letzten Jahrhundert auf die Welt kamen, also die 19. Man sieht, selbst hier greifen demografische Prozesse. Wie auch immer: Damit wären schon 31 Zahlen weg, die 19 übrigens gleich doppelt. Wenn nun davon auch nur eine gezogen wird, kann man gleich aufhören zu träumen.

Zudem ist alles zu vermeiden, auf das andere Lottospieler auch kommen könnten. Das Datum des Papst-Rücktritts oder ähnliche Konstellationen bedeutungsvoller öffentlicher Hinweise. Weiter keine systematischen Endzahlreihen, also so etwas wie 5, 10, 15, 20, 25 und so fort. Auch der *Straight Flush* ist nur was fürs Pokern. Nun aber ergeben sich gerade aus all den Ratschlägen neue Probleme: Es sind nämlich nicht gerade wenige Lottospieler, die sich danach richten und alles systematisch *anders* machen. Daher gilt im Grunde nun auch alles andere: Zufallskombinationen vermeiden, vor allem Zahlen *über* 32, denn die werden so oft getippt wie keine anderen, weil man ja weiß, dass die niederen Zahlen und Geburtstags-Daten beliebt sind. Eigentlich gibt es am Ende nur noch eine Möglichkeit, jedes Risiko auszuschalten: *nicht Lottospielen.*

Da aber schlägt die statistische Tücke wirklich und am gnadenlosesten zu, vor allem, weil niemand der aufhört, Lotto zu spielen, es schaffen würde, sich die ehedem benutzten Zahlen so aus dem Kopf zu schlagen, dass man sie nicht automatisch mittwochs oder samstags Abends zumindest mit einem kurzen Blick auf die Ergebnisse überprüft: Was, wenn sie dann tatsächlich doch einmal gezogen würden? Und noch etwas: Es gäbe vielleicht einen, der trotzdem weiterspielt. Dieser eine, der es trotzdem tun würde, der alle Warnungen vor Mustern, Reihen, Geburtstagen und sonstigen mystischen Eingebungen in den Wind schlagen würde, wäre dann am Ende mit genau dieser Zahlenreihe 3, 13, 23, 33, 38, 49 mehrfacher Millionär geworden. Sicher, alle anderen könnten sich natürlich damit trösten, dass sie dem Schicksal eine Nase gedreht haben: Denn wenn sie gespielt hätten, wären es nur 29.000 € gewesen. Dann schon lieber nichts. Was das nun für die Statistikfrage bedeutet, ist offen. Vielleicht dies: Die Chance, mit Lotto Millionär zu werden, steht 50:50. Entweder man ist dieser eine oder nicht. Ein Kollateralergebnis ist allerdings zu verzeichnen, sozusagen ein Gewinn für die Wissenschaft: Wir haben hier ein wunderbares Beispiel dafür, dass Schwarmintelligenz nicht immer funktioniert.

2.3   Testosteron als Auslöser für die Finanzkrise und auch sonst so Einiges

Früher, präziser: in der *Kritischen Theorie* der späten 60er Jahre, da war es die *Umwelt*, die aus braven Jungs böse Männer machte. *Umwelt*, das war damals die Chiffre für „die Anderen", die Eltern, die Peer-Group und sonstige positive und negative Agenten der Vergesellschaftung. Von dieser Theorie ist manches übrig geblieben, das sich statistisch erhärten lässt – so zum Beispiel und vor allen Dingen die in Deutschland vergleichsweise starke Abhängigkeit der Bildungs- und Karrierechancen vom sozialen Status des Elternhauses, unzureichende Chancen, der „restringierte Sprach-Code", der eine Teilnahme an einem bürgerlichen und mithin erfolgreich aufwärtsgerichteten sozialen und beruflichen Leben behindert. Eines hat sich gegenüber damals jedoch fundamental verändert: Von *Anlagen* zu sprechen, von *angeborenen* Eigenschaften gar, war ein Sakrileg. Mittlerweile ist es angeblich wissenschaftlich erwiesen, dass diese – ja, wie soll man sie nennen? – internen Betriebssysteme das alltägliche Verhalten doch machtvoll beeinflussen. Nun sind die Gene, die Evolution, Schaltungen im Hirn und Hormone offensichtlich rehabilitiert, vor allem da, wo nach einfachen Erklärungen für komplexe Sachverhalte gesucht wird. *Ein* Hormon macht derzeit besondere Karriere, eben das so genannte „Männer-Hormon" Testosteron.

Diese Karriere verdankt es der Finanzkrise.

Dieses Hormon mache, wenn man es ganz einfach zusammenfassen will, nicht nur Machos aus braven Jungs, sondern zudem auch noch marodierende Broker, die suchthaft nach Erfolg streben und in ihrer hormongesteuerten Gier alle Vorsicht fahren lassen: Risiko-Junkies, die uns die ganze Sache eingebrockt haben. So läuft dann auf diesen ungezählten Kanälen einer (als solche nur durch die Byline – dieses kleine Autoren-Kürzel am Ende des Textes – deklarierte) Pressemitteilung mit der Hammer-Headline: „Testosteron schuld an Finanzkrise"! In unzähligen Sensationsmeldungen über die Erkenntnisse von John Coates und seinem seltener genannten Koautor Joe Herbert heißt es: „Neurowissenschaft: Testosteron hat Schuld an Finanzkrise."

https://www.pressetext.com/news/20120714004

Sicher, die Texte sind vorsichtiger als die Headline. Und auch der Kommentar auf der jedem Journalisten zugänglichen Website von *Nature*, wo der Artikel von Coates und Herbert erschien, formuliert eine klare Relativierung: „Co-author Herbert cautions that the results aren't strong enough to prove that testosterone is driving risky behaviour: ‚It remains a correlation, not a causation' he says." Aber derartige Differenzierungen hindern nicht, ein unabdingbares Hormon im menschlichen Leben zur erzählerischen Triebkraft für Geschichten von Machogehabe und Frauenfeindlichkeit, Anmache und Sexbesessenheit, Machtmussbrauch und Betrug und letztlich zur Ursache eines hochkomplexen Zusammenhangs zu erklären, der schon mit dem Begriff „Finanzkrise" unzutreffend vereinfacht wird. Und obwohl, weiter, bislang nicht ein einziger Mediziner aufgetreten ist, der die Sache mal klären könnte. Denn was versteckt sich eigentlich in diesem Hinweis auf diese *anderen Hormone*?

Was war nun Coates Hypothese genau?

Und was ist in der Studie zu lesen?

Schauen wir selber hinein: Sie ist leicht zugänglich:

http://www.career-women.org/dateien/dateien/jmc98_2008_8424.pdf

oder unter

http://www.career-women.org/testosteron-neurowissenschaft-john-coates-
schuld-finanzkrise-_id4612.html.

Der Wortgenauigkeit halber soll die Aussage im Original wiedergegeben werden:
„Specifically, we predicted that testosterone would rise on days when traders made
an above-average gain in the markets, and cortisol would rise on days when traders were stressed by an above-average loss." (S. 6167) Also zunächst einmal steht
nicht das im Text, was in den Medien verbreitet wurde: dass testosterongetriebene
Junkies zu große Risiken auf sich nähmen. Sondern dass Gewinne zu hormonalen
Ausschüttungen führen, Unsicherheiten ebenso, wenngleich zu anderen.
     Nächste Frage: *Wer* wurde untersucht?
     Siebzehn Männer zwischen 18 und 38 Jahren mit einem Einkommen zwischen
212.000 und 5 Mio. Pfund. Frauen waren im Sample nicht vertreten. Den jungen
Männern wurden zwei Mal am Tag Speichelproben genommen. Die Ergebnisse in
Zahlen sind dem Text zu entnehmen. Um sie genau zu verstehen, sind zwar schon
einige medizinische Fachkenntnisse notwendig, dennoch rechtfertigt der Beitrag
selbst für einen oberflächlichen Betrachter keine der reißerischen Schlagzeilen.
Denn Coates und Herbert formulieren, obwohl sie ja selbst die steile These auf der
DLD-Konferenz formulierten, eher vorsichtig: „Vermutlich sorgt eine Börsenhaus-
se für Testosteron, wodurch Händler risikofreudiger bis aggressiv werden, was zu
Blasen führen kann. Fallen die Kurse, macht Cortisol allzu risikoscheu. Das macht
die Risikopräferenz in der Finanzwelt so unstabil."
     Nun: Das Thema war gesetzt und so bot das Testosteron eine interessante
Grundlage für eine Menge von Erklärungen weiterer wirtschaftlicher Transaktionen. Es sollte also möglich sein, wenn man Ende alles zusammenfügte, ein klares
Bild der Funktion dieses Hormons für wirtschaftliches Handeln zu erhalten. Leider
war sehr schnell schon das Gegenteil der Fall.
     So schreibt *Spiegel online* über weitere Versuchsanordnungen mit dem diaboli-
schen Männer-Hormon: „*Manches deutet darauf hin*, dass Männer ihren Hormo-
nen ähnlich ausgeliefert sind wie rivalisierende Alpha-Männchen. So ergab eine
Studie von Harvard-Forschern, dass Studenten, die überdurchschnittlich viel Testosteron im Speichel hatten, bei einem Würfelspiel im Labor mehr Geld riskierten
als andere."
     Das *Handelsblatt* wartete mit einer höchst seltsamen Analogie auf: „Wie wichtig
dieser Stoff ist, zeigt sich vor allem im Tierreich: Schaltet man das Hormon durch
eine Kastration aus, werden heißblütige Rüden zu handzahmen Schoßhunden.
Auch bei Menschen werden aggressive Verhaltensweisen und Alphamännchenge-
habe mit ‚zu viel Testosteron' assoziiert – zu Recht, wie drei kanadische Forscher

jetzt in einer empirischen Studie zeigen. Die Forscher um Maurice Levi, Finanz-Professor an der University of British Columbia, kommen zu dem Schluss: Der Testosteronspiegel von Topmanagern spielt eine messbare Rolle dafür, ob eine Unternehmensübernahme erfolgreich über die Bühne geht." Dreihundertsechzig solcher Deals wurden untersucht.

Im Ergebnis zeichnete sich ab, dass ein Deal umso eher platzte, je *jünger* der Verhandelnde (in diesem Fall der Käufer) eines Unternehmens war. Mit harten wirtschaftlichen Faktoren wie der Höhe der Übernahmeangebote oder der Berufserfahrung der Manager ließe sich, so die Forscher, dieses Muster nicht erklären.

Aber wie dann?

Man wählte den Testosteron-Faktor. Der passte, weil gerade aktuell, am besten in die Story. Obwohl: „Das Testosteronniveau der Manager konnten die Forscher zwar *nicht direkt* messen. Sie nutzen daher das *Alter* als Nährwert (sic!) für ihre Hormonausstattung. Denn Biologen wissen: Je jünger ein Mann ist, desto mehr Testosteron hat er im Blut." Dieser mutmaßlich hohe Testosteronspiegel der jungen Top-Manager dürfte dem Gegenüber Furcht einflößen, berichtet die Wirtschaftszeitung.

http://www.handelsblatt.com/politik/oekonomie/wissenswert/sexualhormon-wie-testosteron-manager-beeinflusst-/5911494.html

Forscher an der Universität Zürich kamen zum Beispiel auf eine etwas längere Kette von Ursachen und Wirkungen und stellten fest, dass Testosteron sich vor allem auf die Beziehung zwischen Menschen auswirkt, indem es ihr Bedürfnis nach Status in einer Gruppe prägt.

Ungereimtheiten also, wo man hinschaut. Aber es wird noch interessanter. Wieder andere Forscher hatten in einem Labortest mit *weiblichen* Probanden festgestellt, dass die einmalige Gabe von Testosteron zu mehr *Fairness* führte – wobei die Probandinnen nicht davon unterrichtet wurden, ob sie zur Gruppe der behandelten oder unbehandelten Personen zählten. Sie wurden allerdings nach dem Test gefragt, ob sie *glaubten*, eine Dosis des männlichen Hormons erhalten zu haben.

http://www.nature.com/nature/journal/v463/n7279/abs/nature08711.html

Das Ergebnis der Studie wäre somit ein ganz anderes: Es bestätigt erneut den Schluss, dass Vorurteile das Verhalten steuern können. Viele Medien reagierten, wie Medien immer reagieren: Sie feierten lärmend den Befund dieses Tests als einen wissenschaftlichen Durchbruch und erklärten alles, was vorher war, zum „großen Testosteron-Irrtum".

Aber es geht *noch* weiter.

Testosteron steigere die *Ehrlichkeit*, schrieben wiederum eine Reihe von Zeitungen und Online-Portalen, als sie die Ergebnisse auf den Tisch bekamen, die Bernd Weber und seine Ko-Autoren 2012 in einem Beitrag mit dem „Testosterone Administration Reduces Lying in Men" veröffentlichten.

http://www.plosone.org/article/info%3Adoi%2F10.1371%2Fjournal.pone.0046774

So wurde dann das Macho- zum „Ehrlichkeits-Hormon" und „Wahrheits-Serum". Mal abgesehen von der Verwechslung eines biochemischen Botenstoffes (Hormon) mit der Absonderung körpereigener Flüssigkeiten (Serum), wird hier aus *einem* experimentellen Befund aus einem Laborexperiment mit einmaliger Dosierung von Testosteron gleich eine universelle Funktion abgeleitet. Immerhin sei das alles ja in einem Experiment „bewiesen". Dass aber in der Sektion *Discussion* dieses wissenschaftlichen Aufsatzes eine Reihe von Relativierungen und Mahnungen zur Vorsicht bei der Interpretation formuliert wurde, bleibt im Medienlärm außen vor. Nebenbei bemerkt: Die Autoren beziehen sich definitiv auch auf die Studie von Fehr und anderen, können aber keine konkrete Bestätigung der dort formulierten Ergebnisse finden. Interessant auf alle Fälle – und ein Blick wäre lohnend, insbesondere für Journalisten. Ihre Aufgabe wäre es ja, doch mal ein paar Fragen stellen, die in diesen Erzählungen über das Testosteron bislang nicht vorkommen: Was ist das überhaupt – die *Finanzkrise*? Dieses hochkomplexe sich selbst steuernde System, das niemand mehr so recht im Griff hat, gerade weil unglaublich viele Variablen aufeinander einwirken. Ist die spanische Immobilienblase eine „Testosteronkrise"? So wie andere „Subprime"-Krisen (immerhin der Ausdruck für Kredite, die Gläubigern mit geringer Bonität, also extrem hohem Risiko gewährt werden)? Unter den Protagonisten der Musterprozesse um die Entschädigungen von Verlusten durch die Pleite der Lehman Brothers oder der Kaupthing Bank waren erstaunlich oft Rentnerehepaare, die, statt bei der Sparkasse (damals) 3 bis 3,5 % Zinsen zu erwirtschaften, für ihre 20.000 € sechs oder sieben Prozent haben wollten. Das Risiko war enorm – und das für eine Differenz von ungefähr 400 € pro Jahr.

Testosterongesteuerte Ruheständler?

Oder der Run auf die „Hausfrauenaktie" der Telekom, die noch bei einem Kurs von über 63 € anderthalb Mal überzeichnet war? Für ein testosterongesteuertes Volk? Was ist mit dem Investitionsboom in Ost-Immobilien, der viele Deutsche nicht nur ihr Ersparnisse kostete, sondern manche sogar in den finanziellen Ruin stürzte. Alles Testosteron-Junkies? Und was, wenn wir schon dabei sind, mit den Marodeuren der 80er Jahre, den Corporate Raiders? Was mit den kampfeslustigen Private-Equity-Vorständen? Mit den von Müntefering geschmähten Heuschre-

cken? Das waren in der Regel Männer über 70! Und um eine letzte Frage aufzu-
werfen: Wo ist eigentlich das gute alte *Adrenalin* geblieben?

2.4   Krieg der Radler und der Autofahrer, Fußgänger nicht zu vergessen

Ist vielleicht „der Krieg" zwischen Autofahrern und Radfahrer auch auf solche
Seren, Hormone, Gene, Evolutionsergebnisse, Hirnschaltungen zurückzuführen?
Handelt es sich vielleicht um testosterongetriebene Broker, die rüpelhaft durch die
Rushhour pflügen, egal ob sie im Fahrradsattel oder am Volant ihres SUV sitzen?

Das widerspräche allerdings dem herrschenden Bild der zwei Fraktionen, die
im öffentlichen Straßenverkehr aufeinanderprallen. Beide sind durch jeweils eigene Interessenverbände repräsentiert, durch den ADAC die Autofahrer und den
ADFC, den *Allgemeinen Deutschen Fahrrad-Club*. Die wichtige Information am
Rande: Man kann zu *beiden* Clubs gehören. In den Satzungen des einen wie des
anderen sind keine Konkurrenzklauseln zu finden. Aus gutem Grund. Denn es ist
zu vermuten, dass die Mehrzahl der *Autofahrer* zu anderen Zeitpunkten Fahrräder
nutzen, mithin *Radfahrer* sind. Sie dürfen das. Es muss rein statistisch so sein, denn
die Sache geht sonst nicht auf. In Deutschland gab es 2009 etwa 70 Mio. Fahrräder, so das Statistische Bundesamt im Sommer 2009 zum Europäischen Fahrrad-
tag. Siebzig Millionen Deutsche nun aber als Radfahrer zu bezeichnen, würde die
Zahl der Autofahrer ziemlich minimieren. Diese Zahlen sagen also nicht aus, wie
viele Deutsche ausschließlich das Rad, ebenso wenig wie die Zahl der privaten Pkw
etwas darüber aussagt, wie viele Deutsche ihr Auto exklusiv nutzen.

Selbst wissenschaftliche Dokumentationen von Forschungsergebnissen sind
wenig aufschlussreich, was dieses Problem der Doppelnutzung von Verkehrsmit-
teln betrifft. So ist die Zählung der Autos ebenfalls ziemlich präzis, aus gutem
Grund. Immerhin handelt es sich hier um die alltagskulturellen Grundlagen eines
der wichtigsten Wirtschaftsfaktoren der Bundesrepublik: Insgesamt verfügen 82 %
aller Haushalte über einen Pkw, wobei in gut einem Drittel dieser Haushalte zwei
oder mehr Pkw vorhanden sind. Damit hat die Pkw-Verfügbarkeit gegenüber 2002
leicht zugenommen. Statt nun aber gleiche Formulierung für Fahrräder zu gebrauchen, heißt es: „Zugenommen hat auch die Ausstattung der Haushalte mit Fahrrä-
dern. Nur noch 18 % sind 2008 ohne Fahrrad." In dieser Formulierung schwingt
eine Wertung mit – die des verwunderlichen Anstiegs des Fahrradbestands. Hätte
man nicht einfach schreiben können: Auch Fahrräder sind in 82 % der Haushalte
vorhanden? Das Problem ist die ausschließliche Dokumentation des Besitzes bestimmter Verkehrsmittel.

Der skizzierten Datenbasis zufolge wären rein rechnerisch maximal 64 % der Deutschen gleichzeitig Auto- und Radfahrer. Das ist allerdings nur eine formal-statistische und mithin unsinnige Größe, weil beide Mobilitätsarten nicht mitein-ander vergleichbar sind – Autofahren kann man erst ab 18, und damit haben wir schon mal das erste statistische Problem. In Deutschland leben also eine Menge Personen, die Fahrräder bewegen dürfen, aber Autos nicht. Es gibt aber keine Per-sonen, die Autos bewegen dürfen und von Fahrradfahren ausgeschlossen sind. Also nimmt man den Anteil der Einwohner der Bundesrepublik, die alt genug sind, Auto zu fahren. Die Zahl kennen wir: Es gibt ca. 31 Mio. erfasste Autofahrer, von denen man ja durchaus annehmen kann, dass – abgesehen von ein paar sogenann-ten Crash Kids – keine Kinder darunter sind. Wenn wir die Durchschnittszahlen des Fahrradbesitzes in den einzelnen Altersgruppen zu Rate ziehen, also etwa 76 % der Deutschen unter 25 Jahre, 85 % zwischen 25 und 65 Jahre, und 43 % über 80, dann ergibt sich ungefähr ein Wert für die Generationen, die Auto fahren könnten, von 70 bis 75 % Fahrradbesitz. Das wären so um die 52 bis 53 Mio. Deutsche, also ungefähr 63 % er Bevölkerung. Die Verteilung auf die Nutzung der beiden Ver-kehrsmittel brächte acht Typen hervor:

1. Radfahrer pur (die sich kein Auto leisten können),
2. Radfahrer pur (die sich ein Auto leisten könnten),
3. Radfahrer, die gelegentlich auch Autofahren,
4. Radfahrer, die regelmäßig auch Autofahren,
5. Autofahrer, die regelmäßig auch Fahrrad fahren,
6. Autofahrer, die gelegentlich auch Fahrrad fahren,
7. Autofahrer pur (die sich kein Fahrrad leisten wollen),
8. Autofahrer pur (die sich kein Fahrrad leisten können).

Diese Statistik ist wiederum Wahnsinn. Aber sie wäre die einzige Möglichkeit herauszukriegen, ob das Problem der Konfrontation die vermuteten oder andere Gründe hat (oder zumindest durch andere Gründe mitbedingt ist) – dass nämlich im Extremfall beispielsweise die Typen 4 und 5 aufeinandertreffen, weil sie je nach Verkehrsmittel ihr Verhalten ändern, oder dass es die Typen 1 + 2 versus 7 + 8 sind, die ihre grundsätzliche Kämpfe ausfechten, oder ob es eine Gleichverteilung gibt oder was auch immer.

Was deutlich wird, ist die bereits angedeutete Unsinnigkeit der These, dass im öffentlichen Raum *geschlossene Mentalitätsmilieus* miteinander konkurrieren. Viel wichtiger wäre es, und das ergibt sich aus dieser kurzen Skizze, die Konfrontationen nicht als *verkehrstechnisches*, sondern als generell *zivilisatorisches* Problem anzu-

gehen. In der Trivialfassung der immer weiter fortgesponnenen Geschichte allerdings bleibt es einfach nur – „schlechte Mathematik", die im Extremfall tatsächlich
zu dem Problem führt, das sie vorgibt zu diagnostizieren – weil man bereitwillig
wechselseitig sich im Lichte der gut erzählten Geschichte und der flankierenden
„Statistik" wahrnimmt. Das größere Bild von der gegenwärtigen Verfassung unserer Gesellschaft (in der Konfrontationen offensichtlich insgesamt zunehmen), ist
zwar wissenschaftlich die weit elegantere Strategie zur Lösung einzelner Probleme.
Gesetze helfen nicht, wenn man nicht weiß, welche Mentalität zu Konflikten führt.
Außerdem müssten ja auch noch die Fußgänger (Hassobjekte beider anderer Frak-
tionen) in die Rechnung einbezogen werden. Da gibt es ebenfalls die wildesten
Geschichten. Jeder hat eine solche Geschichte zu erzählen, die den Anspruch auf
Allgemeingültigkeit stellt: eine Art *Best* (oder *Worst*) *Practice*.

Topic Transformation, würden Rhetoriker sagen. Frei übersetzt: die Verschie-
bung eines erzählerischen Motivs von einer auf eine andere Ebene, wenn etwa ein
vermuteter Zusammenhang, der viele Fälle charakterisiert, durch einen einzelnen
beispielhaften Fall verdeutlicht werden soll oder umgekehrt ein einzelner Fall als
Blaupause für eine gesellschaftliche, wirtschaftliche oder politische Entwicklung
ausgegeben wird. Vor allem in Talkshows mit politischen Themen lässt sich dieses Ritual anschaulich beobachten. Beliebte Strategien sind Einspielfilme mit vorgeblich *statistischen* Befunden zur anstehenden Frage aus einer spontanen Publi-
kumsbefragung; das emotional aufwühlende Einzelbeispiel, repräsentiert durch
einen ins Publikum abgeschobenen *Betroffenen*; die wechselseitigen Zitierungen
früherer Aussagen der anwesenden Experten (natürlich aus den jeweiligen Zusammenhängen gerissen); oder – ganz frech – Umfragen, die zu bestimmten Themen
eingeblendet werden, allerdings mit dem kleingedruckten Hinweis, dass sie *nicht
repräsentativ* seien. Dennoch werden diese Einzelfälle als Ausgangspunkt für sehr
allgemeine Handlungsempfehlungen genutzt.

Der Begriff *Topic Transformation* bezeichnet also auch eine Art fintenreicher
Kommunikation, in so genannten Fachbüchern auch als Mittel der *Power-Rhetorik*
angepriesen, mit deren Hilfe man den Gesprächspartner (oder wohl eher: -gegner)
in die Enge treiben kann. Die bereits erwähnte *Poppenbüttel-Metapher* ist so ein
Fall. Eine allgemeine Aussage soll in Zweifel gezogen werden, weil es einen Einzelfall gibt, der anders ist. Darauf wird dann mit dem Gegenargument reagiert:
Ausnahmen bestätigen die Regel. Beides ist unsinnig und unproduktiv, weil es die
Kommunikation von der Sachebene auf die Ebene der rhetorischen Auseinandersetzung verlagert.

2.5 Von den Erfolgen anderer, die man nur nachzumachen braucht

Das Prinzip prägt auch einen großen Teil der Ratgeberliteratur für die Strategien der Erfolgs-Vorsorge im Management. Das kann sehr produktiv sein, wenn es um grundlegende und klar definierte Routinen geht, die einem veränderten Umfeld angepasst werden müssen, auf dem andere Unternehmen oder Personen bereits einschlägige Erfahrungen gemacht haben: bei der Erschließung ausländischer Märkte oder der Amortisation von Kosten bei der Nutzung bestimmter Software-Angebote, bei der Frage nach den Strategien für die Antragstellung zum Bau einer Lagerhalle in einer bestimmten Region in China oder den Logistik-Problemen in einem afrikanischen Land.

Das beliebteste Spielfeld der Autoren der Best Practice-Literatur ist aber das Management insgesamt und damit die Transformation einer Erfolgsgeschichte eines Unternehmens auf die Ebene einer allgemeingültigen Strategie für alle anderen. Herausragendes Beispiel für dieses rhetorisches Muster war der „Toyota Weg" von Likert. Der Welterfolg dieses Buches (das mittlerweile um weitere ergänzt worden ist) führte zu einer wahren Inflation von Best Practice-Literatur, was nun verschiedene, zum Teil gravierende Probleme aufwirft. Um gleich das bedeutendste zu nennen: Oft fehlt einfach der Nachweis der Übertragbarkeit, weil der Vorbildcharakter des Erfolgs eines Unternehmens ohne eine statistische Prüfung der Zusammenhänge von Ursachen und Wirkungen einfach behauptet wird. So bleiben zum Beispiel regionale Besonderheiten, der glückliche Zufallsmoment oder die Tatsache unberücksichtigt, dass einem einflussreichen Partner beim Golfspiel schlicht der modische Geschmack des später durch die Kooperation erfolgreichen Beispielgebers gefallen hat. Dieses Beispiel ist deshalb nicht so weit hergeholt, wie es sich im ersten Moment anhört, weil ja eine unglaubliche Vielzahl von anderen Ratgebern angeboten wird, die Themen wie Smalltalk, Stil und Benehmen, Kleidung, Kunstverstand und ähnliche *Paraphernalia* „… für Manager" aufbereiten. Wenn aber das Persönliche eine solche Rolle spielt, wäre das ja auch eine Widerlegung der Bedeutung von Prinzipien als Erfolgsgaranten.

Die Gleichung ist also $N = 1$ (wie der geniale Titel eines Aufsatzes von William F. Dukes lautet, der schon 1965 die Frage nach der Übertragbarkeit einzelner Fälle auf eine größere Population stellte). Das große N soll als Chiffre für ein Teilsample stehen, dessen Größe hier mit 1 klar angegeben ist. Die Geltung wird nun erweitert auf die Gesamtheit der repräsentierten Fälle (durch ein kleines n bezeichnet), so dass die Gleichung $n = N$ lautet. Da $N = 1$ ist, lautet die implizite Voraussetzung nun auch $1 = n$.

Dass die Gleichung nicht immer, ja sogar sehr selten aufgeht, haben in einem großen Forschungsprojekt die Berater von Deloitte nachgewiesen. Die Studie heißt:

„A Random Search for Excellence. Why ‚great company' research delivers fables and not facts."

http://www.deloitte.com/assets/Dcom-UnitedStates/Local%20Assets/ Documents/us_consulting_persistencerandomsearchfor_April2009.pdf

Ich erwähne dieses Projekt hier, weil es zu den „Best Practices" einer in allen auch nur erdenklichen Qualitätsanforderungen statistisch begründeten Empirie genügt. Es ist zum Teil in meinem Buch „Strategie? Genie? Oder Zufall?" beschrieben, soll aber im Hinblick auf das Kernthema dieser Abhandlung – die Anwendung der Mathematik als kritischer Wirtschaftswissenschaft noch einmal in Grundzügen dargelegt werden.

Der Titel der Studie bezieht sich auf ein Erfolgsbuch, das viele Jahre zuvor erschienen ist: „In Search of excellence" – also seinerseits ein Best Practice für Erfolgsliteratur darstellt und im Ranking der globalen Bestseller-Listen ganz oben rangierte. Was danach kam, ist klar: eben jene Inflation an Büchern der vorgeblich gleichen Machart, in der Regel aber weit undifferenzierter, nach eben dem Muster $N = 1 = n$. Vor diesem Hintergrund also beschäftigen sich die Forscher von Deloitte mit dem Phänomen des strategisch gesicherten Erfolgs. Der Befund der hochkomplexen Untersuchung ist im Titel schon sehr deutlich identifiziert: *fables*, Erzählungen, Stories.

Aber ein Prinzip?

Letztlich nein.

Der generelle Befund ist so, dass die Best Practices in der Regel nichts aussagen, außer, dass sie hier und da tatsächlich Vorbild sein könnten. Die Frage ist eben nur: Wann? Eine Antwort und damit auch eine generelle Mustererkennung erscheinen unmöglich. „All the while there has been a steadily increasing rainfall of reports, studies and white papers from think-tanks and consulting firms taking a similar approach to specific management practices. Many managers have found the prescriptions in one or more of these studies helpful, perhaps even enormously so. And we're sympathetic to the notion that if it works, don't knock it. But we've come to the rather disturbing conclusion that every one of the studies that we've investigated in detail is subject to a fundamental, irremediable flaw that leaves us with no good *scientific* reason to have any confidence in their findings."

Dieser irritierende Befund beruht auf der statistischen Prüfung einer *großen Zahl von Fällen* über einen *langen Zeitraum* mit dem Fokus auf *identifizierbaren Entscheidungen* des strategischen Managements. Wie diese Prüfung im Einzelnen vonstattenging und welche mathematischen Grundlagen benutzt wurden, ist im entsprechenden Kapitel der Studie eingehend erläutert.

Einige Hinweise sind hier dennoch interessant: Es wurden so genannte „arche-typische" Muster für die Performance von Unternehmen identifiziert und in sechs Kategorien eingeteilt: *rising, falling, flat-high, flat-low, bouncing* und *random*, also ohne erkennbares Muster. Auf dieser Grundlage wurde nun untersucht, ob und welche Unternehmen zu einer der nicht zufälligen Kategorien zugeordnet werden, ob also die *Performances* tatsächlich auf konkrete Managemententscheidungen zu-rückgeführt werden konnten. Ergebnis: Von den mehr 21.000 Unternehmen des Datensatzes, gemessen über den Zeitraum von 1966 bis 2006, waren es weniger als 400. Alle anderen hatten einfach *Glück* oder *Pech*, profitierten also von den Um-ständen oder wurden kalt erwischt von bestimmten Konstellationen, auf die sie kei-nen Einfluss hatten. Erstaunlich war aber vor allem: Keines der Unternehmen, in denen ein positiver Einflusses von Managemententscheidungen statistisch erhärtet werden konnte, tauchte je in einem Best Practice-Buch auf. Doch die einschlägige Literatur bleibt bei ihrer Kernthese der Wirkungsvermutungen, indem sie Erfolge aus Einzelfällen als Blaupausen für strategische Grundsatzentscheidungen liefert (oft als Beratungsdienstleistung).

Nun ist es sicher nicht so, dass sich gestandene Verantwortliche in Unterneh-men so kindisch benehmen. Die Frage bleibt allerdings, warum es dennoch so unglaublich viel *Literatur* dieser Art gibt. Eine zweite Frage drängt sich gerade-zu auf: warum in all diesen Best Practice-Fällen nie Repräsentanten von Unter-nehmen auftauchen, die ihrerseits auf Best Practices verweisen, denen *sie* gefolgt sind. Damit geben gerade die, die in Best Practice-Büchern geschildert werden, im Grunde genommen das Gegenbeispiel der These, nämlich dass sie Erfolgswege aus eigener Kraft ohne Blaupausen irgendwelcher Vorbilder gefunden haben; dass also, wie die von mir 2011 und 2012 entwickelte und durchgeführte Mittelstandsstudie „Strategie? Genie? Oder Zufall?" zeigte, der *pragmatische Individualismus* auf der Grundlage einer unverwechselbaren Kernkompetenz als wesentliches Erfolgskri-terium gesehen wird. Keiner der Befragten nannte eines der Best Practice-Bücher. Interessant war allerdings, das sich viele der befragten Managerinnen und Manager ihr Unternehmen selbst durchaus als Best Practice verstanden.

Trotzdem soll aus formalen Gründen die These geprüft werden, dass die op-timistischen Vorgaben Modelle für das Handeln des Strategischen Managements darstellen. Mehrere Wirtschafts- und Branchen-Krisen der vergangenen anderthalb Jahrzehnte haben ja sehr deutlich gezeigt, dass dieser Optimismus eine dynamische Form der temporären Selbsttäuschung darstellt, die sich auf unangemessenen Re-chenmodellen gründet. So etwa die *dot.com*-Krise des Jahres 2001, die im Wesent-lichen auf zwei Parametern gründete: Durchdringungsgrad der technologischen Innovationen in der Weltwirtschaft und Wachstumsraten der Angebotsdifferenzie-rung. So entstand die Idee einer durch Software getriebenen Ökonomie, bei der der

Wert der Software-Unternehmen (dem Begriff gemäß) eben auf „weichen" Qualifikationen beruhte, in erster Linie auf *Ideen* dazu, was man mit der Technologie des Internets bewerkstelligen könnte. Dass diese Applikationen die Produktivität der *realen* Wirtschaft voraussetzten, blieb in dieser Gleichung erst einmal ausgespart. So entstand eine Hoffnungs-Ökonomie, in der *Buch-* und *Markt*werte der Ideen-Branche weit auseinanderklafften – und gerade wegen dieser Schere als äußerst erfolgreich galten. Ich darf daran erinnern, dass die Kurse imaginärer oder auch realisierter Notierungen an Börsen oder in den Fantasien der Risikokapitalgeber für solche Unternehmen jährliche Wachstumsraten von 20 bis 30 % versprachen. Es waren wie gesagt: *Hoffnungs*werte. Statistisch und gleichzeitig sozialpsychologisch ausgedrückt können wir heute festhalten: Es war auch ein *Indikator* für Gier, anders ausgedrückt: Wir sind Zeuginnen und Zeugen einer *Kaskade* unzureichender Informationen geworden, bei denen einzelne Beispiele von stürmisch prosperierenden *dot.com*-Unternehmen als Strukturmodelle eines neuen wirtschaftlichen Zeitalters missinterpretiert wurden. Dass nun die gesamte Art des Wirtschaftens der New Economy als Erfolgsmodell für die Gestaltung einer Volkswirtschaft ausgerufen wurde, hat nicht nur Unternehmen, sondern ganze Länder in Krisen gestürzt oder zumindest die Krisenbewältigung erschwert.

Am Beispiel der *dot.com*-Krise hat sich jedenfalls gezeigt, dass die Vorstellung von einer *Ideenwirtschaft* einerseits zwar plausibel ist, weil tatsächlich ein gewaltiger Strukturwandel eintrat, dass sie aber trotzdem nicht als Blaupause für *jedes* Software-Unternehmen oder für die Gründung solcher Unternehmen taugte, zumindest dann nicht, wenn sie die externen Faktoren schlicht falsch einschätzte und von diesem eben erwähnten unbegrenzten Wertzuwachs einer Ideenschmiede ausging. Bulat Sanditov, Wirtschaftswissenschaftler an der Universität in Maastricht, schrieb damals: „As we have seen, low quality of information (precision of private signals and incompleteness of information in public domain) results in an ‚overoptimistic bias' in interpretation of the history: successful deals get more weight than failures, and agents tend to overvalue the performance of their counterparts. Overoptimism based on mutual illusions makes the system more vulnerable to two-sided ‚high-tech bubbles' ".

Der Informationsprozess war also durch die Erwartung großer Gewinne vereinseitigt. Man nahm nur passende Informationen zur Kenntnis, die aus dieser eingeschränkten Perspektive unwiderstehlich erschienen, zumal gleichzeitig mit dem Vergleich der Old Economy zu dieser New Economy das passsende Gegenstück geliefert wurde – nämlich die Überzeichnung von Misserfolgen der vorgeblich starren Betriebe alter Schule. Es gab Trendforscher, die darauf hinwiesen, dass „wir" in „Timbuktu" produzieren könnten, wenn die Wissens-Wertschöpfung in Deutschland bliebe. Globales Produzieren, lokales Wertschöpfen durch Innovation, Design und komplexes Wissen – das zähle. Mit der Produktion von Waren verdiene man nicht mehr das eigentliche Geld, die Wertschöpfung wandere in den kreativen Bereich. Alles andere, so der Vorwurf, sei „Industrie-Romantik".

> http://ichsagmal.com/2010/03/22/service-okonomie-ist-krisenresistent-
> %E2 %80 %93-warum-wir-uns-von-der-industrie-nostalgie-verabschieden-
> sollten/

Dass solche Einseitigkeiten in Wirtschaftsmagazinen und -Blogs verbreitet wurden, verdeutlicht nur die Faszination, die aus einer begleitenden Theorie der „Next Economy" als einer Millionen Arbeitsplätze schaffenden Dienstleistungswirtschaft resultierte. Dafür gab es dann wieder jede Menge *Best Practices* für die Modernisierungsverlierer, Ideen von Ein-Mann- oder Ein-Frau-Unternehmen, die als „Ich AGs" firmierten. Viele von ihnen sind gescheitert. Aber es fehlt die statistische Aufarbeitung der Frage, woran sie gescheitert sind. Es fehlt überhaupt eine systematische Forschung über die Relation von *Erfolg* und *Scheitern* – und zwar vor allem, um die Qualität und Übertragbarkeit von Best Practices und damit auch der Erfolgsgeschichten überhaupt einschätzen zu können. Um es mit dem Habitus der Social Media-Kommunikation zu illustrieren: Es gab nur den „Gefällt mir"-Button. Alles andere blieb ausgeblendet. In Kapitel 4 werde ich darauf noch näher eingehen.

Wie nun lässt sich dieses eher feuilletonistische Spielchen in Managementforschung umsetzen, mit deren Hilfe die Logik von Best Practices so durchschaut werden kann, dass sie nutzbar werden? Ganz einfach: Wir müssen das Regelwerk der konkreten Logik dieser Geschichte finden – jene endliche Zahl von Elementen des Quelltextes, von denen jede bei jedem Schritt die gleiche Chance hat, realisiert zu werden, und dabei in einem deterministischen Prozess zu einem Ende führt. Vielleicht gibt es in der mathematischen Definition hier und da geringfügige Unterschiede (vor allem bei der Intervention durch steuernde Eingriffe), aber im Prinzip ist es das: ein *Algorithmus*, der *kulturelle* Prozesse steuert. Damit Sie nicht den Eindruck gewinnen, hier werde nur herumkritisiert, folgt nun also ein erster Blick in das Methoden-Labor der Statistik und die Techniken, mit deren Hilfe sich Wirtschafts- und Sozialwissenschaften der Wirklichkeit nähern. Dass die hier jetzt vorgestellte Methode nicht originär ist, sondern aus anderen, zum Teil lange zurückreichenden Projekten stammt, ist gewollt und in der Wissenschaft üblich. Denn je häufiger die konkreten Techniken aus einem Methoden-Set eingesetzt werden, desto klarer zeichnen sich Möglichkeiten und Grenzen ab.

Methodologisches Intermezzo 1: Wann ist ein Einzelfall „kein Einzelfall"?

3.1 Algorithmus des Boulevardtheaters

Um zu verdeutlichen, wie sich erzählerische und zahlenbasierte Analysen gleichen, wähle ich als Ausgangspunkt für diese Sequenz eine literarische Preziose, eine formalistische Spielerei, die auf ebenso amüsante wie seherische Weise schon vor fast 200 Jahren das Prinzip deutlich gemacht hat, nach dem die Signifikanz einer Geschichte erfasst werden kann. Es handelt sich um das Büchlein „**Neunhundertneunundneunzig und noch etliche Almanachs-Lustspiele** durch den Würfel. Das ist: Almanach Dramatischer Spiele für die Jahre 1829 bis 1961. Ein Noth- und Hülfs-Büchlein für alle stehenden, gehenden und verwehenden Bühnen, so wie für alle Liebhabertheater und Theaterliebhaber Deutschlands – von Simplicius, der freien Künste Magister". Sie bekommen das Buch je nach Zustand für 10 bis 20 €, natürlich nur im Reprint. Originale sind natürlich äußerst rar, wären mithin eine *Geldanlage*.

Das Prinzip ist ganz einfach. Im „Avis au Lecteur" wird erläutert, dass es eigentlich um eine Analyse geht, die sich aber mit rechter Laune auf die Rekonstruktion des hier Kritisierten bezieht. Durch ein paar Kunstgriffe entsteht ein System, das auf raffinierte Weise das Objekt seiner Kritik aus den dem Objekt eigenen Regeln so wiederherstellt, dass es sich entlarvt – und zwar als ewigliche Wiederholung. Dazu braucht es nur die Versatzstücke wie *Titel*, *Untertitel*, das übliche Personal wie die *Nichte* und den *Liebhaber*, *Oheim* und *Vormund*, den *Diener* und das *Kammermädchen* als Geheimnisträgerin. Auf diese Personen werden 1 200 der üblichen Dialogfetzen verteilt, wie sie eben in einem solchen Theater-Genre vorkommen. Diese portionierten Teile werden katalogisiert, in eine auf den ersten Blick nicht erkennbare Ordnung gebracht und können nun mit Hilfe einer Tabelle im Begleitheft aufgerufen werden.

Die Tabelle erlaubt 200 Würfel-Würfe, bei denen jeweils 6 Möglichkeiten bestehen, wie es eben dieser rudimentäre Algorithmus vorsieht. Bei jedem der durch-

H. Rust, *Fauler Zahlenzauber*,
DOI 10.1007/978-3-658-02517-5_3, © Springer Fachmedien Wiesbaden 2014

nummerierten 200 Würfe ist zu jedem Würfelwert von eins bis sechs eine Zahl zwischen eins und 1200 angezeigt, die nun im beigegebenen Almanach aufgesucht werden kann. An der Fundstelle der Zahl findet sich *ein* Textbaustein. Wer also beim ersten Wurf eine 1 würfelt, findet unter der Chiffre 167 den Titel „Ohne List glückt's keiner Liebe. Ein Lustspiel in einem Akt." Wäre eine andere Zahl, zum Beispiel die 3, gefallen, fände man den Hinweis auf Textbaustein 826: „Die Heirat durch List. Ein Nachspiel in einem Akt"; bei der 4 unter der 1081 „Den Alten geprellt, so will es die Welt"; bei der 5 „Schlauer Knecht, hilft dem Herrn zurecht" und so fort.

Der zweite Wurf fördert die Personen zutage.

Mit dem dritten Wurf dann beginnt der Dialog und geht so fort bis zum Wurf 200. Immer wieder neu, je nachdem ob man jeweils eine 1, eine 2, 3, 4, 5 oder 6 geworfen hat, und doch kaum unterschiedlich. Das Prinzip ist so schön austariert, dass man es einfach übersetzen könnte und statt des Personals des Boulevardtheaters die Akteure eines Unternehmens einsetzt: *Patriarch*, *Tochter* (mit MBA), *Chefsekretärin*, *Konkurrent*, *Berater*, *Praktikant* und *Kunde*, ja sogar der *Liebhaber* der Tochter kann bleiben, bringt eine schöne Prise vermeintlicher Erbschleicherei in die Sache. Ein *chinesischer Investor* wäre auch noch ganz gut. Die Titel müssen nur unwesentlich verändert werden, weil es in der Regel auch hier um List oder um Generationenkonflikte geht. Auf jeden Fall erhält man eine Struktur, mit deren Hilfe die Situation in unterschiedlichen Unternehmen vergleichbar gemacht werden kann. Dabei wird sich das schöne Gefühl einstellen, dass in der Hektik der Veränderungen ein seltsames Prinzip der Gleichheit waltet, ja mitunter sogar ein Hauch von Trivialität, dessen Erkenntnis dazu führen könnte, das man das alles nicht mehr ganz so ernst nimmt.

Zurück zum mathematischen Aspekt: Aus der erzählerischen Struktur ergibt sich eine denkbare Formel, die nach bestimmten Regeln eine zwar *unglaublich*, aber eben nicht *unendlich* große Zahl von Einzelfällen generieren kann. Das ist deshalb so, weil der *Almanach* seinerseits das Ergebnis einer *inhaltlichen* Analyse darstellt, die viele Einzelfälle auf ihre Gemeinsamkeiten hin geprüft und dann in ein *strukturelles* Prinzip überführt hat (Topic Transformation). Dieses Prinzip wiederum ordnet dann die Textbestandteile so, dass sie in einer dekonstruierten Ordnung als *generative Grammatik* eine große Zahl neuer Einzelfälle produzieren zu können.

Eine solche Analyse ist leicht einzulösen, indem man – am besten in Kooperation mit einer Hochschule – erstens ein angemessenes (statistisch ausgedrückt: ein nachweislich repräsentatives) Sample an je singulären Erfolgsgeschichten im Hinblick auf Managemententscheidungen sammelt und analysiert (oder sammeln und analysieren lässt) und die in diesen Beschreibungen dokumentierten strategischen und operativen Vorgehensweisen erfasst, katalogisiert und bewertet – etwa zu Führungseigenschaften und empirisch geprüften Konsequenzen. Eine Reihe von Kompilationen der klassischen Führungsforschung steht bereits mit solchen Ergebnissen zur Verfügung und zählt zu den fundamentalen Elementen der betriebswirtschaftlichen Curricula jeder seriösen Ausbildungsinstitution. So etwa die „Leadership Box", in der (bis 2003) Managemententscheidungen geordnet sind. Konkret: Es sind inhaltliche Horizonte abgesteckt (*Dimensionen*), die durch konkrete Handlungsoptionen (*Kategorien*) charakterisiert werden. Ein klassisches Beispiel ist die Unterscheidung von Führungsstilen in die bekannten drei Dimensionen *transformational, transaktional* und *laissez faire,* dazu die Fallstudien, in denen die Konsequenzen der jeweiligen Vorgehensweisen aufgearbeitet sind und zu idealtypischen Verhaltensweisen führen, die nun im Einzelnen umgesetzt werden können.

http://business.nmsu.edu/~dboje/teaching/338/transformational_leadership.htm

Der Ansatz der Leadership Box ist von einer Reihe von Institutionen übernommen worden, etwa vom Bundesverband der mittelständischen Wirtschaft und ihrer Initiative der „Young Leadership Box".

3.2 Reality Check für Best Practices

Um nun das Problem des *Survivership Bias* zu umgehen und auch die Beispiele des Scheiterns einbeziehen zu können, wird man zusätzlich zu den Best Practices auf die Berichterstattung der tagesaktuellen oder monatlichen Wirtschaftspublizistik zurückgreifen oder auf andere Publikationen von Erfolg und Misserfolg in der Wirtschaft. Auf diese Weise entsteht ein Almanach *aller* denkbaren Handlungsoptionen für bestimmte Managementaufgaben auf der Grundlage der verfügbaren und in den ungezählten Situationen des Alltags umgesetzten strategischen Entscheidungen.

Die Ergebnisse dieser Sammlung werden dann im Hinblick auf ihren Betrag zum Unternehmenserfolg skaliert (etwa als Nominalskala mit drei Ausprägungen: *förderlich, neutral, hinderlich* oder als Intervallskala von $+3 = sehr$ *förderlich* bis $-3 = desaströs$). Die Beschreibung einer, um bei einem Beispiel zu bleiben, Führungspersönlichkeit ist nun durch die Zuordnung der von ihr aus der Gesamtliste *ausgewählten* Handlungsoptionen möglich.

So kann nach dem Vorschlag des Psychologen James T. Lamiell – und das bereits vor dreißig Jahren – eine Gleichung konstruiert werden, die den Status S einer Person p im Hinblick auf eine bestimmte Dimension a als Funktion von n individuellen Möglichkeiten i (als jeweils *idiografische* Beschreibung) erweist. Jede Person wird also durch die Anzahl und die Art der von ihr gewählten Optionen aus dem Repertoire der denkbaren Handlungsalternativen charakterisiert.

Das hört sich zunächst einmal ziemlich kompliziert an, und sieht, wenn man es in eine Formel überträgt, noch komplizierter aus. Das Verfahren ist aber im Prinzip recht einfach und bietet ein hervorragendes Beispiel für den Ausgangspunkt für Methoden, die im Alltag angewendet werden können. Mit anderen Worten: Wer diese Vorschläge studiert, wird gute Impulse erhalten, fantasievolle und angemessene Vereinfachungen zu konstruieren.

Dies ist Lamiells auf den ersten Blick etwas komplexe Formel:

$$\mathrm{Spa} = \sum_{i=1}^{n} f\,(\mathrm{Vpi})(\mathrm{Ria})$$

Wenn man sich die einzelnen Chiffren anschaut, sieht man aber, dass diese Formel nur eine Ordnung in die notwendigen und hinreichenden Parameter bringt, die zur systematischen Einschätzung von Handlungen herangezogen werden sollten:

Spa = Roh-Score der Person p für ihren Status in Bezug auf eine bestimmte Dimension a

Vpi = Variable i, in deren Form eine empirische Aussage über p getroffen werden kann

Ria = Bedeutsamkeit (Relevanz) der Information i in Bezug auf ihren quantitativen und qualitativen Wert für die Dimension a

Wenn die Siebener-Skala benutzt wird, liegen diese Zuschreibungen im Hinblick auf die Realisierung eines bestimmten Ziels also zwischen + 3 und – 3 mit der 0 als neutralem Wert. Auf dieser Grundlage kann nun der individuelle Roh-Score für eine bestimmte Verhaltens-Dimension errechnet werden: Spa.

Da mir kein aktueller Link bekannt ist, der zum Original des Beitrags führt, hier die Literaturangabe:

Lamiell, J. T. (1981). Toward an idiothetic psychology of personality. *American Psychologist, 3,* 276–289.

Ein PDF zum Kauf wird unter dem Link

http://psycnet.apa.org/index.cfm?fa=search.displayRecord&uid=1981-32867-001

angeboten.

Angenommen, es sind in einem bestimmten Vergleichszeitraum von einer bestimmten Person oder einem Unternehmen aus einem Katalog von 100 Optionen, jeweils geordnet nach der Intensität ihrer positiven oder negativen Wertungen, 15 realisiert worden, dann wird die Gesamtsumme aus diesen 15 Optionen gebildet. Ich fingiere als Ergebnis hier einen Rohwert Spa von + 0,19. Gleichzeitig müsste nun der *Skalenumfang* des individuellen Verhaltens ermittelt werden, da man ja nicht davon ausgehen kann, dass das erfasste Universum aller im Sample der untersuchten Fälle realisierten Optionen auch jeder einzelnen Person bewusst oder bekannt wäre. Dazu würden jeweils alle negativ und positiv bewerteten Optionen getrennt summiert, um die Ausdehnung der Skala für diesen einen Fall zu erfassen. Im Unterschied zur festen Skala von + 3 bis – 3 wird hier der realistische Ausschnitt an Alternativen erfasst, der einer einzelnen Person tatsächlich offensteht. Nehmen wir also an, dass diese Bandbreite durch die beiden Werte Spa (min) = – 1,28 Spa (max) = + 1,62 gekennzeichnet wäre. Es ergäbe sich also eine individuelle Skalenbreite, die 1,73 Punkte vom negativen und 1,62 vom positiven Maximum entfernt wäre und mit dem Roh-Score + 0,19 ein durchschnittliches Zeugnis abgäbe.

Um nun die Vergleichbarkeit der Verhaltensentscheidungen zu verschiedenen Zeitpunkten identifizieren zu können (zu denen ja eine unterschiedliche Zahl von Optionen zur Verfügung steht), muss der Rohwert auf die zeitlich begrenzt geltende Skala relativiert werden. Dazu dient folgende Formel:

$$\text{Ipa} = \frac{\text{Spa} - \text{Spa}(\min)}{\text{Spa}(\max) - \text{Spa}(\min)}$$

Der Endwert Ipa stellt die Gewichtung des Roh-Scores für den jeweiligen Fall dar und macht ihn mit allen anderen Fällen, die auf die gleiche Weise analysiert worden sind, vergleichbar –sowohl von der Auswahl der im individuellen Fall *bekannten* aus dem Universum *aller* Möglichkeiten als auch im Hinblick auf die Entscheidungen für eine Auswahl aus diesen bekannten Möglichkeiten.

Das sähe dann folgendermaßen aus:

	Fall 1	Fall 2	Fall 3	Fall 4
Zeitpunkt 1	Ipa (1)t1	Ipa (2)t1	Ipa (3)t1	Ipa (4)t1
Zeitpunkt 2	Ipa (1)t1	Ipa (2)t1	Ipa (3)t1	Ipa (4)t1
Zeitpunkt 3	.... usw.			

Entsprechende Analysen werden dann für die Verhaltensoptionen b, c, d […] usw. durchgeführt.

Eine Bemerkung ist noch wichtig: Diese Art der Sortierung einer großen Datenmenge basiert erstens auf der Annahme, dass die erfassten Optionen insgesamt *gleichwertig* sind; dass zweitens die Entscheidungen für die Wahl mehrerer Optionen sich aus der Kumulation ihrer Wertigkeit errechnen lassen. Das sind *Annahmen*, wohlgemerkt. Deshalb müssen sie auch in die Beschreibung der Methode einbezogen werden, damit die konkrete Machart des Projekts für jeden Interessenten durchschaubar und nachvollziehbar ist.

Best Practices können so, erstens, in ihre einzelnen Bestandteile dekonstruiert werden. Diese Bestandteile lassen sich, zweitens, auf ihre jeweiligen Repräsentativität hin testen, als Ausdrucksformen tieferliegender Strukturen identifizieren und, drittens, als Komponenten in einem „Almanach" sortieren. Die Handlungsoptionen, die in solchen Erzählungen dominieren, können darauf überprüft werden, ob sie tatsächlich prinzipiell zum Erfolg führen oder gleichermaßen in Fallbeispielen des Scheiterns vorkommen. Man hätte zusätzlich einen Anhaltspunkt dafür, welche dieser Geschichten tatsächlich aussagekräftig sind (und wofür sowie in welchem Maße). Damit wären Kriterien für die Bedeutung erarbeitet, die sich aus der Sache selbst ergeben und nicht, wie in den meisten Fällen der Best Practice-Literatur, auf der Grundlage von Rankings der Verkaufserfolge auf dem Büchermarkt oder in den Internet-Portalen. Diese statistische Spielerei erhält ihre Aussagekraft nicht durch die *Zahlen*, die sie generiert, sondern durch die intelligente *Interpretation* der Zahlen. Wichtig ist aber festzuhalten, dass man damit das Terrain der streng *wissenschaftlichen Forschung* verlässt und sie auf ihre Bedeutung für die in Frage stehenden Probleme (Bewertung von Führungsstilen, Strategiemodelle, Marketingmaßnahmen) hin individuell deutet. Auf diese Weise entsteht eine denkbare Geschichte, die allerdings immer wieder auf die konkreten statistisch erarbeiteten Informationen zurückgeführt werden kann. Darüber hinaus ist durch die flächendeckende Kenntnisnahme aller Optionen (den Almanach) gewährleistet, dass nicht nur opportune Erfolgs-Beispiele einbezogen werden.

Da die meisten Best Practices (oder die als solche missverstandenen Bestseller) zum Genre der Success-Stories zählen, entsteht nämlich ein Problem: die Ausblendung der Beispiele, die mit den gleichen oder ähnlichen Strategien *nicht erfolgreich* waren. Sie sind nicht mehr existent, ganz gleich, was der Grund für ihr Scheitern war. Jerker Denrell, Ökonomie-Professor in Stanford, nennt diese Ausblendung von Misserfolgsgeschichten das *Undersampling of Failure*. So bleiben nur die, die überlebt haben, im Fokus der Aufmerksamkeit, ebenfalls völlig unabhängig davon, was letztlich wirklich zum Überleben beigetragen hat.

http://business.highbeam.com/422336/article-1G1-102835454/vicarious-learning-undersampling-failure-and-myths

Was beobachtet werde, schrieb Denrell, sei nicht das *Prinzip des Erfolgs*, sondern die Geschichte von *glücklichen Erfolgreichen*. Auf diese Weise entsteht eine Selbsttäuschung, die in der Empirischen Forschung *Surviverhip Bias* genannt wird. Das erinnert an die Märchen, an deren Ende dann jeweils die *Moral von der Geschicht* formuliert wurde. Das Einzige, was diese Erfolgsgeschichten vom Märchen unterschied, war das Fehlen des typischen Schlusssatzes: „Und wenn sie nicht gestorben sind …" Aber genau auf diesen Satz kommt es an. Denn dieser Satz vom Überleben beinhaltet ja letztlich die Diagnose langfristigen Erfolgs. Ansonsten handelt es sich schlicht um – *Novellen*.

3.3 Hirngerechtes Storytelling

Die Kolleginnen und Kollegen aus der Literaturwissenschaft definieren sie so: „Die Novelle ist eine kürzere Erzählung, die durch prägnante Struktur, dezidierten Kunstwillen und einen strengen Aufbau gekennzeichnet ist. Der Begriff stammt aus dem Italienischen und ist erst seit dem 18. Jahrhundert im Deutschen gebräuchlich. Ohne einen Vorläufer in der Antike bildet sie eine der ersten modernen literarischen Formen. Ihre Entstehung ist eng mit der sich emanzipierenden Bürgerwelt verbunden. Die Gesellschaft stellt sich in der Novelle selbst dar. Traditionellerweise lauscht das Publikum in einer Rahmenerzählung einer Geschichte, die ein fiktiver Erzähler aus seiner Mitte in Form der Binnenerzählung vorträgt. […] Diese Rahmenstruktur trägt wesentlich zur geschlossenen Form der Novelle bei, aber auch zu einer spezifischen Perspektive, da das Erzählte aus der Distanz objektiviert erscheint und auch belehrend reflektiert werden kann. Diese Geschlossenheit wird aber bei rahmenlosen Novellen gewahrt. Formal sind hier ebenfalls eine erzählerische Einsträngigkeit, das Fehlen abschweifender Episoden und ein recht kontinuierlicher Zeitablauf kennzeichnend." Für erste Informationen:

http://www.uni-due.de/einladung/Vorlesungen/epik/novelle.htm

Insofern kann man die Idee dieser Business-Novelle – und das ist ganz wertfrei gemeint – durchaus mit dem kleinbürgerlichen Theater des 19. Jahrhunderts vergleichen. Da geht es ja auch immer um Erfolg – um den Erfolg von Liebeshändeln und Konkurrenz, um Ränkespiele und Manipulationen und ein – wie es später hieß: *Happy End*. Wichtiger allerdings wird sein, das Ende offen zu lassen, der Erzählung die Möglichkeit zu geben, neue Wirklichkeiten zu schaffen. Nun heißt diese Übung aber in der harten Wirklichkeit der Strategien nicht Business-Novelle, sondern mit der unerlässlichen Globalisierungsfärbung durch einen Anglizismus: *Storytelling*.

Offensichtlich ist diese noch recht neue Praxis ein Ausbruchsversuch aus der Welt der harten Zahlen, eine „qualitative" Gegenbewegung. Sozusagen die „hirngerechte" Variante der Vermittlung von harten strategischen Vorgehensweisen. So werben jedenfalls auffallend viele der mittlerweile zahllosen Beratungsangebote zum Storytelling: „Warum das Gehirn Geschichten liebt" informiert ein Taschenbuch von Werner T. Fuchs. Auch Dieter Herbst, ein weiterer Storytelling-Autor, bemüht die Hirn-Metapher (wieder sind die Hervorhebungen von mir): „Hirngerecht und damit *höchst wirkungsvoll* erzählen sie, wofür das Unternehmen steht und was es einzigartig macht. Gute Storys fallen auf, sind *leicht verständlich* und halten das Interesse der Bezugsgruppen. *Wer hört sie nicht gern*, die Geschichte von der Firmengründung in der Garage bis zum Einzug in die Wall Street? Andere Unternehmen erzählen, wie hart sie für Qualität arbeiten, welche Hindernisse sich ihnen dabei in den Weg stellen und wie sie diese überwinden. Storytelling ist keine Mode, sondern knüpft an uralte *Wirkprinzipien* von Kommunikation an. Es wird daher künftig die PR eines Unternehmens oder einer Organisation mit seinen Bezugsgruppen maßgeblich mitbestimmen."

Keine Mode?

Nun ja, das aktuelle Literaturangebot legt eine andere Deutung nahe, vor allem, wenn man in den unterschiedlichen Suchmaschinen die Konjunkturkurve der Titelschwerpunkte in den letzten Jahren zum Maßstab nimmt: *Storytelling* boomt, wie sich leicht an der Kurve der *tags* feststellen lässt, so leicht, dass hier der empirische Beleg unterbleiben kann.

Warum türmt sich diese Modewelle gerade jetzt auf? Darüber könnte man nun wiederum eine Geschichte erzählen, oder besser: Man könnte viele Geschichten erzählen, von der Vereinsamung in den virtuellen Agora der Social Media, von der Dominanz der Kennzahlformalisten, von der Enttäuschung, die alle diese Zahlenwerke und Ideen über den *Homo oeconimcus* ausgelöst haben, auch über die fehlgeschlagenen Hoffnungen, die sich an immer neue Systeme für das Marketing und den Zugang zum Kunden knüpften, ja – sich letztendlich sogar in biologistischen Erkundungen erschöpften, wo man in Genen und Hirnstrukturen auf die Natur des Menschen (und seiner Konsumneigungen) zu stoßen hoffte. Nun also eine Art Rückkehr, ja seltsame Gegenbewegung zu einer genau entgegengesetzten Mode, zur *Big Data Research*, die später noch Gegenstand dieser Abhandlung sein wird. Die Verbindung beider Ansätze hat bislang aber noch nicht stattgefunden. Das ist erstaunlich, weil ein Grundgedanke von *Big Data* interessant ist: Die *algorithmische Struktur* der Analyse von Datenmassen soll sozusagen aus sich selbst heraus Wirklichkeiten ans Tageslicht fördern, also Erzählungen generieren. Big Data wäre die Erzählung ohne Erzähler?

Zurück zum Konzept des Storytelling selbst: Eine solche Aufbereitung der Geschichten, der Traktate, Master-Workshops, Ratgeber und sonstiger Literatur zum praktischen Einsatz von Best Practices ergäbe zunächst einmal nur einen unübersichtlich anmutenden Katalog von Elementen, aus denen sich Business- und Marketinggeschichten zusammensetzen. Doch dann zeigt sich zusehends deutlicher, dass es immer wiederkehrende Komponenten gibt, Module, Erzählstrukturen, und ein über allem stehendes Leitmotiv: Erfolg. Der Erfolg zeigt sich in erster Linie durch die Platzierung auf einer imaginären Liste, auf einem Siegertreppchen, in einem *Ranking*. Diese Form der Erzählung ist so verbreitet, dass sie selbst literarische Produkte, Geist und Bildung ins Visier nimmt und sie somit zu Wirtschaftsgütern macht. Denn wer auf der Liste oben steht, genießt einen geldwerten Vorteil, der nicht mal versteuert werden muss.

Zahlen und Erzählungen 2: Rankings als publizistische Disziplin

4

▶ Weiter geht's mit den statistischen Anekdoten, allerdings fokussiert auf eine inflationäre Mode, die unsere gesamte Gesellschaft, die Wirtschaft, die Bildung und die Kultur beherrscht: Hitparaden. Natürlich nicht die von Schlagersängern und Song Contests. Nein, diese Hitparaden heißen: Rankings. Gerankt wird alles: von Zahnärzten und Rechtsanwälten über Städte, einflussreiche Prominente, italienische Lokale und Glücksempfindungen bis hin zu den auf Treppchen aufgereihten Politikern. Auch Unternehmen. Wieder offenbart sich ein Erzählmuster, das allein durch auf den oberflächlichen Zahlen begründet ist: Aufstieg und Fall von Personen in einem ungeschriebenen Drama. Das Drehbuch dieses Dramas ist der simpelste Algorithmus, den man sich vorstellen kann: die Sortierung der Wirklichkeit auf einer Rangskala, die links und rechts von einem Nullpunkt negative oder positive Bewertungen zulässt. Und zwar nur das – denn wie diese Wertungen zustande kommen, wird meist nicht deutlich. Man geht davon aus, dass der Sinn in der Geschichte selbst liegt. Aber ist das auch so? Bilden die Rankings, die in diesem Kapitel beispielhaft ausgewählt sind (Intellektuelle, Professoren, Universitäten und damit auch Karriere- und Bewerbungs-Chancen) tatsächlich die Wirklichkeit ab? Oder anders gefragt und Impuls für das zweite Methodologische Intermezzo: Wie müsste man es anstellen, ein aussagekräftiges Ranking hinzukriegen?

H. Rust, *Fauler Zahlenzauber*, 45
DOI 10.1007/978-3-658-02517-5_4, © Springer Fachmedien Wiesbaden 2014

4.1 Der Vorteil des Vorteils oder wie Bücher zu Bestsellern werden

Rankings sind Populär-Variationen der Statistik auf der Grundlage der immer interessanten Geschichte von Erfolg und Misserfolg, von Aufstieg und Fall. Erfolg und Aufstieg sind – wenn es um das Ranking von Büchern (und wenn es um Best Practices geht) – von wenigen Ausnahmen abgesehen mit *Verkaufs*erfolg gleichgesetzt. Das schließt zwar nicht aus, dass ein vielverkauftes Buch gleichzeitig auch von großer Bedeutung sein kann. Doch die unmittelbare, das heißt *kausale*, Verknüpfung von Verkaufserfolg und inhaltlicher Bedeutung ist willkürlich und kann weitreichende Folgen haben, die in der Statistik unter dem Begriff der *Cumulative Advantage* bekannt sind: Bereits bekannte Titel und Autoren werden unabhängig von der Bedeutung ihrer Werke in einem sich zusehends verstärkenden Kreislauf immer bekannter. Interessant ist zusätzlich die Übertragungs-Logik der Qualität des informierenden Mediums auf das Produkt, das in diesem Medium erwähnt wird: Wenn etwa ein Buch in der Bestsellerliste des Nachrichtenmagazins *Spiegel* erscheint, greift die folgende Kommentierung oder auch das Verlagsmarketing auf das Image des Nachrichtenmagazins zu und adelt das Buch zu einem *Spiegel*-Bestseller, obwohl das Nachrichtenmagazin nur Verkaufszahlen widerspiegelt, unabhängig von jeglicher Qualitätseinschätzung, ermittelt in etwa 400 repräsentativ ausgewählten Buchhandlungen in Deutschland am Ende einer Woche, direkt aus dem Warenwirtschaftssystem der Buchhandlungen eingespeist. Ähnlich geht es beim Konkurrenzprodukt *Focus* zu, wo die Daten aus dem Unternehmen *Media Control* stammen, das die Scanner-Daten aus dem Verkauf erfasst und reiht. *Buch-Report* informiert: „Die elektronische Abfrage garantiert ein sehr genaues Bild des effektiven Marktgeschehens und spiegelt die Abverkäufe im Buchhandel mit einem Zeitabstand von nur wenigen Verkaufstagen."

Effektives Marktgeschehen, also Absatzmargen und nicht Intellektualität, Frequenz und nicht Bedeutung, Geschäft in der „Ökonomie der Aufmerksamkeit" und nicht innovative Gedanken. Nichts ist dagegen zu sagen. Dennoch erzeugen solche Listen, die Verkauf mit Bedeutung und Präsenz mit Substanz gleichsetzen, ein Problem. *Geist* wird (mehr oder weniger) zur *Ware* und verliert seine unterhaltsame, innovative oder kritische Kraft, wenn windschnittig auf Medienpräsenz zugeschnittene Content-Provider Produktionen lancieren, die nur dem Prinzip der Verkäuflichkeit folgen und zusätzlich den Cumulative Advantage durch Suchmaschinen-Optimierungen steigern. Vor allem aber behindern sie die Chance, dass Neues sich durchsetzt. Duncan J., Watts, ein berühmter Netzwerktheoretiker und -forscher, erläuterte das Prinzip in einem Interview in der New York Times vom 15. April 2007 und kam zu einem erstaunlichen Schluss: „This means that if one object happens to be slightly more popular than another at just the right point, it will tend to become more popular still. As a result, even tiny, random fluctuations can blow up, generating potentially enormous long-run differences among even indistinguishable competitors – a phenomenon that is similar in some ways to the famous 'butterfly effect' from chaos theory. Thus, if history were to be somehow re-run many times, seemingly identical universes with the same set of competitors and the same overall market tastes would quickly generate different winners: Madonna would have been popular in this world, but in some other version of history, she would be a nobody, and someone we have never heard of would be in her place." Das Problem besteht in der Verengung pluralistischer Bildung auf das, was verkauft wird, vor allem, wenn selbst Qualitätsmedien dem Druck dieses quantitativen Arguments nicht standhalten und die so auf den Schild der Bedeutung gehobenen Repräsentanten des Literaturbetriebs ihrerseits wiederum legitimieren. Watts zitiert einen Bestseller-Autor, der auf die Frage, wie sein Erfolg zustande gekommen sie antwortete: „Dadurch, dass viele Leute mein Buch gekauft haben." Legitimer Sinn des Marketings ist also, die Spirale des Cumulative Advantage zu erzeugen. Das Risiko wird allerdings gleich mit erzeugt: die sich fortschreibende Verengung der Möglichkeiten, innovative Gegenentwürfe zum Mainstream zu entwickeln.

Diese Nutzwertlogik herrscht auf beinahe allen Gebieten: Um 2008 herum kam es zu einer Schwemme von *Städte-Rankings*, alle dem Geschäftsmodell eines kanadischen Soziologen namens Richard Florida nachgebildet, der die Idee der „Creative Class" verbreitete und Kommunen, die sich mit Wohnraum und Kulturangebot auf diese volatile Elite einstellten, *wirtschaftlichen Gewinn* versprach. Die Folgen der verzückten Umstrukturierung ehemals kulturell diversifizierter und lebendiger Stadtviertel zu Loft-Arealen lassen sich heute weltweit beobachten. Dazu folgender Link:

http://www.changex.de/Article/essay_rust_rettet_die_kreativitaet/-cCJAmv6Cp0JLaRbki3DHOj2UhDCHuy

Die Idee wucherte in zahllosen Variationen durch die Medien und erreichte irgendwann auch die innerstädtischen Milieus und das private Leben. Auf die Initiative einer Hamburger Tageszeitung, die dazu ermunterte, die je eigenen *Wohnstraßen* einem Ranking (von einem bis zu fünf Sternen) zu unterziehen, verabredeten sich vielerorts benachbarte Hausbesitzer, ihrer Straße die jeweils höchste Wertung zu verpassen, um – die Immobilienpreise zu steigern. So kam es, dass die Rankings unabhängiger Beobachter (die in diesem Falle auch publiziert wurden), mitunter deutlich von der Anwohnerdarstellung abwichen. *Weinsorten* und *-jahrgänge* wer-

den in Parker-Punkten gemessen. Der Wert *alter Autos* ist in einem eigenen Oldti-
mer-Index erfasst, der dem DAX nachgebildet Ertragserwartungen beziffert.

Für Absolventinnen und Absolventen von Fachhochschulen und Universitäten
stehen zahlreiche Rankings *attraktiver Arbeitgeber* zur Verfügung (allerdings meist
nur derer, die auch bekannt sind, also in der Regel der Konzerne). *Politiker* werden auf Treppchen-Grafiken vorgeführt mit grünen (nach oben weisenden) und
abwärts gerichteten roten Pfeilen (Absturz), damit die Botschaft auch beim oberflächlichen Durchblättern erfasst werden kann. In regelmäßigen Abständen listet
zum Beispiel das Magazin *Cicero* die *Intellektuellen* der Republik in einem Ranking, das seinen Reiz ebenfalls aus der Messung von Aufstieg und Abstieg einzelner
Personen bezieht. Es ist ein anschauliches Beispiel für intelligentes redaktionelles
Marketing, keine Frage. Umso wichtiger ist es, die Grundlagen der Berechnungen
einmal zu analysieren. Denn wie man wissenschaftlich präzise messen will, wer
aus der Szene der Intellektuellen für die Allgemeinheit eine Bedeutung hat, wird
jedem methodologisch geschulten Beobachter ein Rätsel bleiben. Vor allem aber
ist wieder die unausgesprochene Aussage von Interesse (mit einem Anglizismus
ausgedrückt: the embedded theory), dass eine solche Hitparade objektive Kriterien
widerspiegelt.

4.2   Die virtuelle Intellektuellen-Olympiade von Cicero

Mir ist bekannt, dass das Wort *Olympiade* den Zeitraum zwischen den jeweiligen
Olympischen Spielen bezeichnet. Genau aus diesem Grund passt es hier: Denn ein
Ranking dokumentiert immer das, was zwischen zwei Publikationszeitpunkten geschehen ist. Das Rätsel, *wie* es geschehen ist, löst sich auch dann nicht auf, wenn
man sich die Methode anschaut, die während der Olympiade zu dieser Liste der
Top 500 führte: Es wurde die *Medienpräsenz* von Namen ausgezählt, die der Verantwortliche für diese Liste, Max A. Höfer, für kulturell irgendwie wichtig hielt. Je
häufiger jemand erwähnt wurde, desto höher wurde der Rang in dieser Liste.

Höfer ist, wie die Pressemitteilung informierte, Politikwissenschaftler und Ökonom, „Datenexperte" und ehemaliger Leiter des *Capital*-Hauptstadtbüros. Er war
bis Dezember 2009 auch Co-Geschäftsführer der Initiative Neue Soziale Markt-
wirtschaft. Diese Vereinigung produzierte – in Anlehnung an den erwähnten Impuls, den der global agierende Erfinder der „Creative Class", der Soziologe und Im-
mobilienberater Richard Florida 2002 gesetzt hatte – Städte-Rankings.

http://www.insm-wiwo-staedteranking.de/

In das Ranking der Intellektuellen eingeflossen seien, so liest man, die Präsenz der Personen in 160 deutschsprachigen Zeitungen, Zitationen im Internet, Treffer in der wissenschaftlichen Literaturrecherche *Google Scholar* sowie Querverweise im biografischen Munzinger-Archiv. Welche Zeitungen und Zeitschriften es waren, wird zumindest in der Zeitschriftenausgabe nicht dokumentiert. Wieder zeigt sich, dass vor der statistischen Erfassung eine Art Theorie steht, auch wenn sie sich nur indirekt zu erkennen gibt: die Bedeutung von Intellektuellen äußert sich durch den Einfluss, den sie in den Medien generieren können.

Die Deutungsmacht, die eine solche Prominenz auf Dauer repräsentiert, ist nicht zu unterschätzen: Sie begründet sich vor allem durch die Marketingbemühungen, aber auch durch Suchmaschinen-Optimierungen, die Redaktionen wieder dazu veranlasst, die ohnehin schon vielfach präsenten Namen ebenfalls ins Programm aufzunehmen, das heißt dann auch, in Talkshows oder Literatursendungen zu promovieren – oder um es schlicht auszudrücken: durch *Product Placement* bekannt zu machen. Aber in eine Talkshow wird zum Beispiel nur eingeladen, wer ohnehin schon eine gewisse Bekanntheit erwirtschaftet hat. Auch hier verengt sich die Möglichkeit, mit neuen Ideen auf den Markt zu kommen, um der Leserschaft eine unterhaltsame, bedeutsame, verrückte, innovative Überraschung zu bereiten. Eine höchst interessante Exemplifizierung dieses Prozesses ist die Offenlegung des Pseudonyms, unter dem die „Harry Potter"-Autorin Rowlings einen Kriminalroman veröffentlichte. Als eine befreundete Person – aus Versehen – das Pseudonym lüftete, schnellten die Verkaufszahlen des Romans nach oben.

Nun gibt es viele Intellektuelle, die sich dem vordergründigen Medienbetrieb verweigern, dennoch aber einen erheblichen geistigen Einfluss besitzen, Nobelpreisträger zum Beispiel, oder Professoren in mathematischen, technischen, ingenieurswissenschaftlichen Disziplinen, ohne deren Forschung die gute wirtschaftliche Situation der Bundesrepublik gar nicht möglich wäre. Zu dieser Gruppe der „Hidden Intellectuals" (um einen berühmten Titel von Hermann Simon zu variieren, der die heimliche Innovationskraft des deutschen Mittelstandes dokumentiert) zählen auch Philosophen, Soziologen, Wirtschaftswissenschaftler und eine Menge unerkannte, unbekannte Wissenschaftler, Journalisten, Künstler, Pädagogen, deren Deutungsmacht im Alltag des Bildungs- und Kulturwesens der Bundesrepublik weit über die flüchtige Medienpräsenz hinausgeht.

Aber sie sind eben nicht im Gespräch.

Über diese weniger publikationstauglichen Intellektuellen schrieb *Cicero* selbst ein wenig mitleidig genau das, was die Nutznießer dieser Art von Präsenzmanagement als Grundlage ihrer gesellschaftlichen Bedeutung beanspruchen: „Der Intellektuelle hat es schwer. Er passt nicht mehr in unsere Zeit. Und das ist gut so. Denn er gehört nicht in die Talkshow, sondern zurück auf seinen Elfenbeinturm. […]

Ein schmaler Grat, der für Intellektuelle im Zeitalter von Massenmedien und Massendemokratie immer öfter zwischen Multiplikator und Hofnarr verläuft. Ort des Geäußerten und Frequenz gereichen ihm meist zum Vorwurf. Und dort, wo die Debatten heute stattfinden – im Netz –, dort bleibt er lieber ganz fern." In dieser Logik sind also die neutralisiert, die nicht in den Medien auftauchen, die mithin nicht zählbar sind für eine Liste, in der Präsenz gleichgesetzt wird mit Bedeutung, die deshalb keine Chance haben, zum Beispiel auf der Website von *t-online* als „Deutschlands klügste Köpfe" geadelt zu werden. Nicht, dass wir uns missverstehen: Es waren eine Menge Leute auf dieser Liste, die *jeder Definition des Intellektuellen standhalten*. Nur wurden auch sie nicht durch ihre intellektuellen Leistungen, sondern durch aufgrund ihrer Medienpräsenz ausgewählt.

Der Prozess ist damit aber nicht abgeschlossen, denn die Liste wird zur *Währung*. In einem zweiten Schritt nämlich wird und wurde sie von denen verbreitet, die entweder auf ihr vorkommen (dies übrigens weniger) oder die von ihr profitieren, weil sie mit Leuten in Berührung stehen, die in ihr vorkommen. Selbst Ernst Grandits, beredter Moderator der anspruchsvollen Sendung *Kulturzeit* auf *3Sat*, hielt am 21. Dezember 2012 mehrere Minuten geradezu enthusiasmiert ein Exemplar von *Cicero* in die Kamera, weil er kurz zuvor einen Philosophen interviewt hatte, der in dieser Liste aufscheint: Dieter Thomä, Autor eines Buches, das mit der etwas ältlichen These aufwartet, der Kapitalismus zersetze die Familie.

Wollte man den selbst gesetzten und oft auch dokumentierten Anspruch dieser Sendung zum Maßstab der Bewertung dieser Szene erheben, einer Sendung, die sich ja immer wieder auch auf politisches, oft auf gesellschafts-, damit auch auf medienpolitisches Terrain vorwagt und dies auch im sprachlichen Duktus der Grandit'schen Analysen einprägsam tut, dann handelte es sich hier schlicht um die *affirmative Verbreitung* einer leicht durchschaubaren Marketing-Strategie statt um eine *immanente Kritik*. Der Moderator der „Kulturzeit" folgte bereitwillig einer ausgelegten Spur.

Doch die Dominanz dieser Auflisterei ist nicht flächendeckend. Abgesehen davon, dass eine Reihe von Medien eigene Jurys ermuntert, ihre Bestseller-Listen zu konstruieren und die Leserinnen und Leser dieser Listen wissen, auf welchen *Qualitäts*kriterien diese Listen beruhen, gab es in der Folge des *Cicero*-Rankings auch dezidierte Kritik an der Gleichung: Präsenz = Bedeutung. Sie drückt sich exemplarisch in einem Kommentar von Björn Kerzmann im *Kress Mediendienst* aus: „Dieses Ranking verrät mehr über die deutschen Medien als über die so ‚geehrten' Personen. Der Cicero fragt sich: Wer wird gehört, wer dringt durch? Ja wer ist in der Lage, durch den Einheitsbrei aus Political Correctness eine Meldung abzusetzen, die genug ‚Trash' ist, dass man sie noch wahrnimmt? Was hat das noch mit Intellektualität zu tun? […] Aber es lässt sich gut verkaufen, nicht wahr, liebe Redakteure?

Und es ist ungleich schwerer, die Thesen von Habermas oder Luhmann unter das Volk zu bringen, weil man dann viel mehr nachdenken müsste! Und dafür habt ihr keine Zeit mehr, ihr lieben Journalisten, gell?"

Weitere Kommentare unter:

http://www.cicero.de/berliner-republik/liste-der-500-guenter-grass-und-alice-schwarzer-spitze/52978

Die Kritik richtet sich also nicht auf die publizistischen Strategien, um das noch einmal deutlich zu betonen. Die sind *legitim*. Sie sind es vor allem deshalb, weil das Publikum ja Alternativen hat. Was hier aber von Interesse ist – und auch von Bedeutung –, ist die Interpretation der Statistik, die im Grunde *nur dann* plausibel bleibt, wenn man die Voraussetzungen akzeptiert.

Aber die sind konstruiert.

Denn in der ausgewählten Gruppe derer, die eine Chance haben, in den Rankings erwähnt zu werden, sind die meisten, die unter die Definitionen der Auswahlkriterien fallen würden, gar nicht erst erfasst. Das wäre aber, um eine verallgemeinerbare Aussage treffen zu können („Deutschlands klügste Köpfe") unerlässlich. Dieser Systemfehler lässt sich eindrucksvoll an einer weiteren Initiative illustrieren, die nun auf den Kern des Bildungssystems zielt: die Professoren, diesmal die fleißigen. Auch sie werden in Rankings sortiert – zum Beispiel in dem an Studenten gerichteten Gratis-Magazin *unicum*. In dieser Zeitschrift können Studierende in vier verschiedenen Fachbereichen „den Professor (bzw. die Professorin) des Jahres" wählen.

4.3   Fleißige Professoren und ihre werberelevante Belohnung

Wie kommen die am Ende als Preisträger identifizierten Professorinnen und Professoren in die engere Auswahl?

Sie werden „nominiert".

Was heißt „Nominierung"? Die Antwort auf diese Frage ist entscheidend, weil sie letztlich über die Qualität des Samples bestimmt, das sich ja auf eine bestimmte *Grundgesamtheit* beziehen muss. Das heißt, um an die letzte Sequenz anzuschließen, dass *alle* Personen, auf die ein *Merkmal* oder eine *Merkmalskombination* zutreffen – in diesem Falle die Tätigkeitsmerkmale eines Professors, also Forschung, Lehre und Betreuung von Studierenden – die *Möglichkeit* haben müssen, in der Auswahl *vorzukommen*. Das ist allerdings in diesem so genannten „Nominierungsverfahren" nicht angelegt. „Nominierungen dürfen sowohl Studenten und Absolventen als auch Arbeitgeber und Professoren-Kollegen aussprechen. Entscheidend ist, wie oft ein Dozent nominiert und gewählt wird. Also fleißig die Werbetrommel rühren, abstimmen und aufstellen dürfen nämlich nicht nur Studenten, sondern auch Kollegen, Vorgesetzte und Absolventen!" Darüber hinaus werden, was aus der Perspektive wissenschaftlicher Forschung mit dem Ziel gültiger Aussagekraft äußerst umstritten ist, *Sachpreise* für die Teilnahme an diesem Wettbewerb ausgelobt.

Das Sample ist im Vergleich zur Grundgesamtheit so klein, dass es keinerlei Aussagekraft hat – weil es eben keine repräsentative Basis besitzt. Die 450 Professoren des Durchgangs von 2011 sind nicht mehr als 1,2 % aus der Schar der ungefähr 38.000 Lehrenden, die an deutschen Universitäten und Hochschulen tätig sind. 2012 stieg der Prozentsatz auf 2,1 %. Das wäre sicher ausreichend, wenn eben jene Voraussetzung erfüllt worden wäre, die als unabdingbares Qualitätskriterium empirischer Forschung gilt: dass alle denkbaren Personen in die Grundlage der Auswahl aufgenommen worden wären. Voraussetzung dafür wäre der Nachweis, dass die jeweils zur Abstimmung stehenden Personen in einem Vorverfahren aus den 38.000 möglichen Kandidatinnen und Kandidaten einbezogen worden wären.

Was dieses Ranking misst, ist nichts anderes als das Abbild einer Medieninitiative, die zum objektiven Meinungsbild über die deutsche Hochschullandschaft erklärt wird.

Gleichzeitig engagieren sich, was nicht minder diskutierenswert ist, *Sponsoren*, die auch in der *Jury* tätig sind. Schließlich wird die Aktion noch als *Werbeumfeld* vermarktet: „Als Sponsor zeigen Sie über die gesamte Wettbewerbslaufzeit Präsenz bei den angehenden Nachwuchskräften – etablieren und festigen Sie Ihr Arbeitgeber-Image! [...] Profitieren Sie von der Medienpräsenz des etablierten Wettbewerbs, mit dem Sie als Sponsor unmittelbar verbunden sind." So sei eine „crossmediale" Einbindung der teilnehmenden Firmen garantiert, mit der Aussicht auf eine „Reichweite von ca. 10 Mio. Kontakten". Die Medialeistungen des Sponsoring-Pakets des Professors des Jahres umfassen nach Aussage der Veranstalter: „Redaktionelle Berichte in 4 Ausgaben von *unicum beruf*; Content Box auf *unicum.de*; Präsenz auf eigener Wettbewerbs-Seite *www.professordesjahres.de*; Wettbewerbs-begleitende Pressearbeit durch *unicum*; Stellen eines oder mehrerer Jury-Vertreter."

http://news.bildungsfonds.de/karriere/professor-des-jahres-2011/

Gegen derartige originelle Marketing-Aktivitäten ist nichts zu sagen. Vielleicht ist es ja sogar so, dass sich solche Aktivitäten positiv auf die öffentliche Wahrnehmung von Bildung auswirken. Das Problem ist nur, dass die Kriterien solider Forschung, als die sie ausgegeben werden, nicht erfüllt sind und somit auch die Legitimation

nur lückenhaft erfolgen kann, wenn Kritik geäußert wird. Denn es wird nicht gemessen, was man zu messen vorgibt – den „Professor des Jahres" oder die „Professorin des Jahres", also jene Person, die – im Vergleich mit allen denkbaren Personen –
ihre Studierenden auf eine messbar bessere Weise fördert, effektivere Maßstäbe in
der Qualität der Lehre setzt als alle anderen und Forschung betreibt, die sowohl der
künftigen Berufstätigkeit der Studierenden als auch der Theoriebildung in ihren
Fächern hilft. Es wird *ein* Professor, *eine* Professorin des Jahres gewählt. Noch einmal: Das bedeutet nicht, dass die Forschung, Lehre und Betreuung *der* Persönlichkeiten, die in diesem Prozess *gewählt* werden, nicht herausragende Qualitäten
haben. Was sich übrigens leicht in der Forschung überprüfen ließe, wenn man die
zahlreichen Universitäts-Ranking zurate zieht und nachschaut, ob die „Professo-
rinnen/Professoren des Jahres" an jenen Unis oder Instituten lehren und forschen,
die Spitzenplätze in den einschlägigen Listen erringen konnten. Ein Zusammenhang ist ja nicht nur denkbar, sondern auch plausibel.

Vor 24 Jahren kam die Redaktion des *Spiegels* auf die Idee, nach dem Vorbild
einschlägiger amerikanischer Praktiken die Rangfolge von Universitäten oder Uni-
versitäts-Instituten zu messen. Diese Idee war damals noch innovativ, weil sie in
Deutschland den ersten Versuch darstellte, eine flächendeckende Bestandsaufnahme der studentischen Einschätzung der Hochschulbildung zu unternehmen,
die Bildungsgeschichte also einmal aus der Sicht der Abnehmer zu schreiben. Vor
allem aber formulierten sie ein Versprechen: die Information über mutmaßliche,
ja sogar wahrscheinliche Profite für die Karriere der Studierenden. Seitdem sind
Hunderte globale, nationale und regionale, fachspezifische und sonstige Rankings
der Hochschulen veranstaltet worden.

4.4   Zwischen den Zahlenzeilen der Uni-Rankings

Ich hatte in den frühen 90er Jahren die Gelegenheit, dieses damals noch journalis-
tisch aufregende Spiel für Österreich zu adaptieren, wo ich zuvor eine Reihe von
Jahren auf Einladung des Bundesministeriums für Wissenschaft und Forschung
als Gastprofessor am Institut für Publizistik gelehrt und geforscht hatte. In Kooperation mit dem *Profil* (der Schwesterpublikation des *Spiegels*) sollte das deutsche
Ranking an die österreichische Hochschulsituation angepasst werden. Ich habe dieses Ranking drei Mal methodologisch vorbereitet und publizistisch begleitet, auch
noch in der Zeit, als ich meine Tätigkeit als Hochschullehrer an deutschen Universitäten wieder aufgenommen hatte. Das war ein Vorteil, denn die Irritationen waren beträchtlich. Manche der ehemaligen Kolleginnen und Kollegen spürten doch
– und publizierten es auch – ein „kollegiales Befremden". Kurz, man wurde damals

gern noch als eine Art *Nestbeschmutzer* diskreditiert, wenn man sich forschend mit den eigenen Angelegenheiten beschäftigte.

Was nun aber die Daten gar nicht hergaben.

Das eigentliche Ergebnis war nämlich ein ganz anderes als die Rangfolge von Spitzen-Unis und solchen, die eher „schlecht" waren: Insgesamt bewegten sich die wie üblich auf Fünferskalen erfassten Werte durchwegs im Schnitt in der oberen Mitte.

So rangierte im Falle der von mir betreuten Rankings 1993, 1994 und 1996 in Österreich das bestbewertete von 110 Instituten (es war eine TU) auf einer Skala von 1 (schlechteste Bewertung) bis 6 (beste Bewertung) bei 4,7, das schlechtest bewertete bei 3,0 (und das war noch ein Ausreißer). Mit anderen Worten: 108 Werte zwischen diesen Extremen lagen auf der Breite von 1,7 Skalenpunkten.

Die Differenzen sind also eigentlich wenig aussagekräftig. Das gilt für viele Initiativen dieser Art, etwa das Hochschul-Ranking auf *www.meinprof.de*. Die Zahl der Bewertungen wird dort mit 424.391 angegeben. Die nach diesem Ranking bedeutendsten Hochschulen rangieren auf den (mit vier Stellen hinter dem Komma (!) identifizierten) zehn Spitzenpositionen zwischen 4,2974 und 3,7758. Die Differenz ist also 0,5216. Diese Differenz, die nun noch gegen die (in diesem Ranking nicht ausgewiesene) Standardabweichung in den einzelnen Samples (also Studienorten) und dem Gesamtsample (also aller Studienorte) abgeglichen werden muss, belegt, dass es auch in dieser Reihung kaum nennenswerte Unterschiede gibt.

Und doch bleibt das Erzählmuster: Es gibt „Sieger" und „Verlierer". Um die noch deutlicher zu pointieren, greift man zu „Gewichtungen" der Daten. So steht unter der Beschreibung der Methoden zu lesen: „Für das Ranking 2012 haben wir eine Gewichtung vorgenommen. Die Bewertungen, die im Jahr 2012 abgegeben wurden, fallen somit viel deutlicher ins Gewicht als die Bewertungen des Jahres 2011 und diese wiederum wurden ebenfalls stärker gewichtet als alle vorhergehenden Gesamtbewertungen. Wir glauben, es macht Sinn, die neuesten Bewertungen stärker zu gewichten, weil den Hochschulen damit mehr Entwicklungspotenzial gegeben wird."

Was ist an diesem Thema Glaubenssache?

Vermutlich, dass sich der publizistische Reizwert durch die deutlichere Differenz zwischen den Institutionen oder zu Vorjahreswerten erhöht. „Die Folge ist deshalb auch, dass wir in diesem Jahr gleich sechs Neuzugänge unter den besten zehn Hochschulen verzeichnen. Die Universität zu Köln und die Justus-Liebig-Universität Gießen konnten direkt das Siegertreppchen erklimmen und stehen 2012 auf Platz zwei und drei." So kommen Sensationen zustande, die mit der Wirklichkeit nicht unbedingt etwas zu tun haben müssen – erstens, weil sie eigentlich, wie beschrieben, so klein sind, dass sie nicht als Folge systematischer Verände-

rungen interpretierbar sind, zweitens, weil vielleicht nicht einmal das Argument
der Mittelmäßigkeit stimmt, wie ich es hier ins Feld geführt habe. Denn die Werte
könnte ja auch dadurch entstanden sein, dass die Befragten *gar keine Meinung* zu
dem Thema haben, das ihnen vorgesetzt wird, sich dennoch aber zu einer Antwort
bemüßigt fühlen. Der Effekt ist in der Forschung bekannt und sollte überprüft werden. Aber das ist kompliziert, vor allem auch brisant: Denn man müsste ja überprüfen, ob die befragten Personen überhaupt ausreichend Informationen besitzen, um
sich eine Meinung zu bilden. Diese Vorgehensweise wäre in den größten Rankings
der Bundesrepublik sogar politisch prekär: bei den Wahlen.

Aber auch auf diesem eher unterhaltsamen Gebiet sind die methodologischen
Schwächen keineswegs gleichgültig, denn es geht nicht nur um eine legitime Mar-
ketingaktivität beispielsweise des Gratismagazins *unicum*. Jedes Ranking, gleich ob
es Personengruppen, Berufe oder Institutionen betrifft, zeitigt *bildungspolitische*
Konsequenzen, wenn etwa aus einem vorderen Rang in den Uni-Rankings gleich
der Status einer „Elite-Universität" abgeleitet wird oder Orte identifiziert werden,
wo „Deutschlands klügste Köpfe" studieren. Da werden methodologische Mängel
dann tatsächlich bedeutsam, und zwar so gravierend, dass eine Reihe von Fächern,
darunter die Heimat-Disziplin der einschlägigen Methodenentwicklung, die Soziologie (repräsentiert durch ihren wissenschaftlichen Fachverband *Deutsche Gesellschaft für Soziologie*), sich einer weiteren Teilnahme am CHE Ranking der Ber-
telsmann Stiftung verweigerten. Eine ausführliche methodologische Begründung
finden Interessenten hier:

http://www.soziologie.de/uploads/media/Stellungnahme_DGS_zum_CHE-
Ranking_Langfassung.pdf

4.5 Zweifel der Fächer, die nicht mehr mitmachen wollen

In dieser Reaktion schwingt nun nicht mehr die beleidigte Haltung mit, die ich in
den Jahren meiner einschlägigen Arbeit in Österreich erlebte. Die Entscheidung
etwa der deutschen Soziologie beruht auf dem Pilotversuch des *Deutschen Wis-
senschaftsrates*, die Unzulänglichkeiten der vielen Uni-Rankings zu überwinden.
Auf die Darlegung der Methode im Einzelnen kann hier verzichtet werden, weil es
eine leicht zugängliche Quelle gibt, die die Alternativen darstellt und begründet –
gleichzeitig aber zeigt, welchen Grad von Komplexität ein solches Unterfangen annimmt.

http://www.wissenschaftsrat.de/download/Forschungsrating/Dokumente/
Grundlegende%20Dokumente%20zum%20Forschungsrating/8422-08.pdf

Gleichartige Befunde, aber auch deutliche Unterschiede der Ausgangssituation, zeigen sich im Bericht über das zweite Fach, das einer solchen Pilotstudie unterzogen wurde: Chemie.

http://www.wissenschaftsrat.de/download/Forschungsrating/Dokumente/
Grundlegende%20Dokumente%20zum%20Forschungsrating/8370-08.pdf

Die Arbeit an diesem Projekt, an dem ich als Mitglied des Institutsvorstands für Soziologie an der Universität Hannover als verantwortlicher Ansprechpartner beteiligt war, erforderte eine Inventur aller individuellen Leistungen des gesamten wissenschaftlichen Personals im Hinblick auf Lehre, Forschung, Betreuung von Studierenden und viele andere Faktoren, vor allem und mit zunehmendem Gewicht: Praxisbezug, alles über einen Zeitraum von fünf Jahren. Es war eine gewaltige Arbeit für jedes einzelne Mitglied des Kollegiums – und eine, die dann doch in der hochschulpolitischen Dynamik sehr schnell veraltete. 2006 nämlich immatrikulierte sich der erste Jahrgang der *Bachelor*studierenden in einer völlig neuen Struktur von Forschung und Lehre. Dieser Bruch zum Beispiel, der auf beiden Seiten – bei den Studierenden und den Lehrenden – eine große Innovations- und Improvisationsbereitschaft erforderte, ist in den Rankings dieser Jahre überhaupt nicht erfasst, weder was die individuelle Situation an einzelnen Institutionen noch was die Gesamtsituation der Hochschulreform angeht.

Natürlich gibt es auch in den klassischen Rankings wichtige Ergebnisse – die lassen sich allerdings vor allem zwischen den Zeilen oder aus den qualitativen Zusatzinformationen herauslesen. Eines der wichtigsten Ergebnisse ist die Tatsache, dass vor allem Studierende etwas kritisieren, das sie selbst verursachen: die *Masse*, Folge einer Kaskade. Studierende wählen in der Regel den Studienort, den andere auch wählen. Dabei interessieren die *Wissenschafts*standorte erst in zweiter Linie; wichtiger ist (oder war zumindest lange) die höchste studentische Lebensqualität. So ist dann eben in den Fächern, die nach derselben Logik überlaufen sind, kaum ein intensiverer Gesprächskontakt zu den Lehrenden denkbar. Was nur eine Interpretation zulässt: Auch wenn die Betreuungs-Korrelation (Studentenzahl je Professor/in) als wichtigstes Kriterium erscheint, so ist es für die Mehrheit der Studierenden realiter meist doch wichtiger, in einer interessanten Stadt zu leben. Zweitens wird der Masseneffekt dadurch verstärkt, dass der Anteil der Studierenden an den einzelnen Bildungsjahrgängen kontinuierlich steigt (eine politisch gewollte Steigerung in der so genannten „Bildungsrepublik" Deutschland), gleichzeitig aber die Kapazitäten der Universitäten nicht entsprechend mitwachsen.

Was hier ausgespart bleibt, sind die internationalen Rankings, in denen nur einige deutsche Universitäten auf den vorderen Plätzen stehen. Es wäre nämlich wieder ein ganzes Kapitel notwendig, um die Vergleichbarkeit von Institutionen zu prüfen, die in völlig unterschiedlichen Bildungssystemen beheimatet sind. Wichtig ist nur eines: Schlechte Ranking-Plätze bilden– um es vorsichtig auszudrücken – oft auch die Konsequenzen schlechter Politik ab. Denn die richtet sich nach der politikrelevanten Demoskopie, die wiederum für das *Bildungs*thema (zumindest bislang) trotz vieler gegenteiliger Bekundungen eine relativ geringe Begeisterung erkennen lässt. So liegt der Verdacht nahe, dass Universitäts-Rankings zu jenen Polit-Ritualen zählen, mit denen sich die Bildungspolitik symbolisch dokumentiert, die aber ansonsten nur einen gewissen kurzfristigen Unterhaltungswert besitzt.

Das war schon 1993 und in den folgenden Jahren im Zuge der österreichischen Rankings eine der wichtigsten Einsichten und gleichzeitig die am wenigsten zufriedenstellende – dass die breite Öffentlichkeit die Ergebnisse kurz zur Kenntnis nahm und dann weiterblätterte zu interessanteren Dingen. Dieser breiten Öffentlichkeit ist es wohl ziemlich egal, welche Universität vorn oder in der Mitte oder in der Schlussgruppe rangiert. Hauptsache sie fällt nicht sonderlich auf oder kostet gar Steuergeld.

.

Methodologisches Intermezzo 2: Wann ist ein Ranking das Abbild der Wirklichkeit?

5

5.1 Analyse der Wertschätzung

Wieder stellt sich natürlich die Frage, wie man es besser machen könnte – wenn man dieser Inflation von Rankings überhaupt irgendeinen Sinn abgewinnen kann. Die Antwort lässt sich nur bedingt geben, weil jede Methode ihre Schwächen hat, die offengelegt werden müssen. Es geht also darum, die hier kritisierten Schwächen zu kompensieren, und die liegen ja in der Willkür der Reihung durch ein vorgegebenes und oft nicht klar ausgewiesenes Prinzip der Hitparaden. Natürlich haben auch diese Rankings einen Aussagewert. Der beschränkt sich allerdings auf die engen Vorgaben der jeweiligen Untersuchung. So wäre dann das Intellektuellen-Ranking der Zeitschrift *Cicero* eine interessante Information über die *Medienpräsenz* ausgewählter öffentlicher Persönlichkeiten. Mehr nicht, aber auch nicht weniger. Doch eine solche publizistische Entscheidung kann kein Leitmotiv für eine wissenschaftliche Untersuchung darüber sein, welche Persönlichkeiten im intellektuellen Wirkungsfeld der Bundesrepublik wichtig sind. Das ist eine ganz andere Frage.

Dennoch soll eine Antwort versucht werden. Die findet sich, wie so oft, in den Arsenalen der über viele Jahrzehnte in der seriösen Forschung geschliffenen sozialwissenschaftlichen Forschungsmethoden. Diese Methoden sind jederzeit anwendbar, sie kosten nichts, sind öffentliche Güter, es gibt viele Beispiele für ihre Anwendung und mithin sehr viel Anschauungsmaterial für schöpferische Modifikationen.

Also zum Konstruktiven, das sich aus der Kritik ergibt, vor allem zur Frage, die den Verdacht der, nennen wir es ruhig so, *akademischen Abgehobenheit* ausräumen könnte. Wie also würde man es an einer Hochschule oder in einer Forschungseinrichtung anfangen? Ganz einfach: Man würde ein Verfahren programmieren, das nach Maßgabe der Fragestellung die *Wirklichkeit* abbildet, das heißt, wie oben bereits angedeutet, die *richtigen Fragen* zu stellen. Die wären, neben der Frage nach der *Frequenz* eines Namens, einer Institution oder eines Produkts in den Medien, erstens die nach der *Auswahl* der Individuen, Institutionen oder sonstigen Objekte,

H. Rust, *Fauler Zahlenzauber,*
DOI 10.1007/978-3-658-02517-5_5, © Springer Fachmedien Wiesbaden 2014

denen die Chance eröffnet wird, in einem solchen Ranking erfasst zu werden. Dann folgt die Frage nach der *Qualifizierung* innerhalb der einzelnen Rankings. Medienerwähnung kann ja *positiv, neutral* oder *negativ* sein. Weiter wird man den *Kontext* berücksichtigen und die einzelnen Medien (zumindest die Mediengattungen) in das Forschungsprogramm aufnehmen müssen. Die Erwähnung in einem Boulevardblatt über den Auftritt eines Prominenten in einer Talkshow ist sicher anders zu bewerten als ein Interview mit einer Person in einer überregionalen seriösen Tageszeitung. Nehmen wir das *medienwirksamste* Beispiel: das *Intellektuellen*-Ranking. Die Fragen wären also: In welchem Kontext erscheint jemand? Wie wird die Person, um die es geht, in diesem Kontext bewertet? Mit welchen anderen Personen wird ein Name in Verbindung gebracht? Was bedeutet diese Verbindung für die infrage stehende Person: eine Aufwertung oder eine Degradierung?

Das hört sich nun ziemlich kompliziert an. Die Sortierung folgt aber einer Art einfachem Algorithmus, der zudem auf der Grundlage einer klassischen und oft verfeinerten Methode der wissenschaftlichen Dokumentenanalyse basiert. Ihr Urheber Charles Osgood nannte sie 1956 *Evaluative Assertion Analysis*, auf Deutsch: ein Untersuchungsinstrument, mit dessen Hilfe sich das durch die *wertenden Äußerungen* in den Medien ergebende *Profil* einer *Person* mathematisch identifizieren lässt.

Es gibt leider keinen aktuellen (jedenfalls keinen mir bekannten) Link. Daher soll hier die Originalquelle eingeblendet werden:

Osgood, Charles E.; Saporta, Sol; Nunnally, Jum C. Litera, Vol 3, 1956, 47–102.

Die Technik basiert auf der einfachsten Grammatik der alltäglichen Kommunikation, erfasst *Subjekt*, Prädikat und Attribute, Adjektive oder adverbiale Bestimmung, jeweils klar im Hinblick auf die Wertigkeit skaliert. Folgende Elemente werden in dieser Analyse berücksichtigt:

- Die Namen der entsprechenden Institutionen oder Personen, wie es in diesem Ranking von *Cicero* auch geschehen ist. Wir nennen sie *Attitude Objects*, weil sie bestimmte Haltungen provozieren.
- Die adverbialen Bestimmungen und Attribute, mit denen diese *Attitude Objects* im Text charakterisiert werden, von Osgood und seinen Mitarbeitern damals als *Evaluative Common Meaning Terms* bezeichnet. Diese *ecmt* werden bewertet. Eindeutig spektakuläre positive oder negative Wertungen werden mit + 3 oder − 3 codiert, Zwischenwerte +2, +1 sowie −1 und −2 eröffnen Möglichkeiten einer differenzierten Betrachtung. Wertfreie Erwähnungen werden mit 0 codiert. Bei Personen, die sehr oft einfach ohne wertende Äußerungen erwähnt

werdeen, relativieren sich daher auch möglicherweise einzelne drastischen Wertungen.

• Die Zuschreibung eines Wertes zu einer Institution oder Person findet durch so genannte *Verbal Connectors* statt, also Verben wie *sein*, *haben* usw. Auch bei dieser verbalen Verknüpfung von Wertaussagen und Personen sind unterschiedliche Intensitäten denkbar, die wiederum mit einer siebenstufigen Skala von $+3$ bis -3 erfasst werden. Worte wie „ist" und „sind" oder „hat" und „haben" drücken die stärkste Assoziation aus, werden also mit $+3$ codiert, ihre negative Form, identifiziert durch das Wort „nicht", erhalten mithin den Wert -3. Abschwächende Formulierungen durch den Gebrauch von Konjunktiven etwa werden dann mit geringeren Zahlenwerten codiert.

Kommen in einem Satz mehrere Qualifizierungen vor, werden sie jeweils als eigene Aussage codiert. Auch was die Wertungen betrifft, ist die Vorgehensweise weniger kompliziert, als es sich anhört: Eine lexikalische Auflistung der *Evaluative Common Meaning Terms* sowie der *Verbal Connectors* und der Wertungen ist leicht zu konstruieren, wenn man ohnehin schon dabei ist, Medien auf die Untersuchungsobjekte durchzusehen, um die Grundgesamtheit zu bestimmen. Die einschlägige Sozialpsychologie bietet dazu eine Menge Inventare, die regelmäßig aktualisiert werden. In der Regel ist die Zuordnung aber die Sache geschulter Codiererinnen und Codierer, meist Studenten. So entstehen computerlesbare Kataloge, in denen auch Synonyme berücksichtigt sind.

5.2   Reality Check für Rankings

Der Einwand, das sei ja alles sehr kompliziert, ist – in Zeiten, in denen zahllose Beratungsunternehmen unglaublich komplexe Verfahren zur Bewältigung von Big Data anbieten – ziemlich vordergründig. Das Verfahren ist heute, mit Hochleistungsrechnern, überhaupt kein Problem mehr. Es war schon in den 50er Jahren keines – man musste eben nur genügend Leute zur Verfügung haben, um die Medien durchzuarbeiten und die wichtigen Aussagen auf Codierbögen zu übertragen.

Zur Illustration soll das Verfahren kurz einmal an einem Beispiel skizziert werden.

Grundsätzlich wird jede Äußerung, die die Objekte betrifft, in zwei Grundformen transformiert:

$$AO \text{ vc ecmt}$$

oder

$$AO \text{ vc } AO$$

Tab. 5.1 Analysemuster

Attitude Object	Verbal Connector	Wert Verbal Connector	Evaluative Common Meaning Term	Wert ecm	Produkt
AO1	*ist*	+3	*von herausragender Intelligenz*	+3	+9
AO1	*könnte*	+1	*internationale Karriere machen*	+2	+6
AO1	*hat allerdings*	−1	*einige Schwächen*	−1	−1

Insgesamt entsteht ein Analysemuster (siehe Tab. 5.1), in dem hier einige Beispielsätze aus der Berichterstattung über den CEO eines der Unternehmen eingefügt sind.

In dieser Aufstellung wird jede einzelne Äußerung erfasst. Diese Vorgehensweise ermöglicht spätere Analysen (Zeitreihen, Lokalisierung der Medien, Ressorts), wenn die einzelnen Codierbögen entsprechend den Recherchebedürfnissen angelegt werden. So ergeben sich dann verschiedene Fundamente für die weitere Bearbeitung, etwa in Rankings.

Gesamtpunktwerte Die Beiträge mit wertender Tendenz (indiziert durch die *Produkte*) werden für die ausgewählten Personen für bestimmte Zeiträume summiert, wobei die Berichtszeiträume je nach Interesse festgelegt und gekennzeichnet werden (t1, t2, t32 […] usw.).

Durchschnittswerte Die Summe der *Produkte* (unter Berücksichtigung der Vorzeichen) wird dividiert durch die Summe der absoluten Werte der *Verbal Connectors* (also ohne Berücksichtigung der Vorzeichen). Eine spezifische Berechnung der einzelnen wertenden Aussagen jedes Berichts ergibt einen positiven oder negativen Durchschnittswert. Dieser Durchschnittswert ist der Index für die Stärke und die Tendenz der wertenden redaktionellen Äußerungen im jeweiligen Beitrag für ausgewiesene Personen auf der Skala von +3 bis −3 und kann für bestimmte Zeiträume oder Medien getrennt vorgenommen werden.

Tendenzwerte Die Division des Gesamtpunktwertes durch die Zahl der Durchschnittswerte ergibt den generellen Tendenzwert für die jeweiligen Zeiträume. Mit ihm sind die durchschnittliche Wertungsintensität auf der siebenstufigen Skala und die Richtung der Wertung (positiv oder negativ) für die ausgewählten Personen angezeigt.

Tab. 5.2 Wertungskatalog für zwei Unternehmen und ihre Spitzenmanager

Name	Zahl der Beiträge mit wertender Tendenz	Gesamtpunktwert	Tendenzwert
AO1 t1	343	131,5	0,38
AO2 t1	244	40,8	0,16
AO3 t1	439	−213,0	−0,49
AO4 t1	473	−195,3	−0,41
AO1 t2	133	−4,0	−0,034
AO2 t2	156	−33,3	−0,21
AO3 t2	425	−196,2	−0,46
AO4 t2	528	−344,1	−0,65

5.3 Ein Beispiel aus der Wirklichkeit

Tabelle 5.2 zeigt einige Ergebnisse für vier Attitude Objects – konkret zwei verschiedene Unternehmen (AO1 und AO2) und ihre jeweiligen Spitzenmanager (AO3 und AO4). Die Daten sind nicht erfunden. Ziel war ein qualifiziertes Ranking mit klaren Aussagen über die mediale Wertschätzung der einzelnen AOs, also der Unternehmen einerseits und ihrer Spitzenrepräsentanten andererseits im Zeitverlauf (Vergleich t1 und t2).

Mit Hilfe dieser Berechnungen lassen sich also klare Hierarchien der Unternehmen und ihrer Manager abbilden, erstens im Vergleich untereinander, aber, was in diesem Beispiel sehr deutlich wird, auch in der unterschiedlichen Bewertung von *Unternehmen* und *Repräsentanten* der jeweiligen Unternehmen. Die Interpretation dieser Daten legt den Eindruck nahe, dass der *Social Value* (zusätzlich zu messen über Imagewerte) der hier untersuchten Unternehmen nicht unbedingt mit dem Wert der jeweiligen CEOs zum Zeitpunkt der Erhebungen korreliert. Es zeigt sich weiter, dass die Werte zu unterschiedlichen Zeitpunkten sehr unterschiedlich sind, was dann natürlich Interpretationen herausfordert und die Umfeldbedingungen des einen oder des anderen Unternehmens oder die Entwicklungen, die beide betreffen ins Zentrum des Interesses rückt.

Aber auch die Dynamik der Bewertungen einzelner Unternehmen zu unterschiedlichen Zeitpunkten in unterschiedlichen Medien lässt sich präzis erfassen. Im Falle einer Vorauswahl der „wichtigsten" Intellektuellen zum Beispiel würde hier neben der interessanten quantitativen Reihung der Medienerwähnungen auch die Beschaffenheit der Medienerwähnungen sichtbar.

Diese Analyse erlaubt interessante weitere Differenzierungen, etwa die nach einzelnen Medien oder Mediengattungen, die nun ihrerseits in eine Reihenfolge

Tab. 5.3 Mediale Hierarchie für AO1 zu zwei Zeitpunkten

Medium	Tendenzwert 1	Tendenzwert 2
1. Medium	0,86	−0,30
2. Medium	0,68	0,22
3. Medium	0,44	0,49
4. Medium	0,40	0,50
5. Medium	0,38	0,32
6. Medium	0,33	0,31
7. Medium	0,28	−0,20
8. Medium	0,12	−0,36
9. Medium	−0,23	−0,90

Tab. 5.4 Gesamtpunktwerte in den Berichtszeiträumen 1 und 2 im Vergleich

Medium	Tendenzwert 1	Tendenzwert 2
1. Medium	30,0	−1,0
2. Medium	26,6	26,4
3. Medium	25,1	2,8
4. Medium	16,2	18,3
5. Medium	15,4	17,8
6. Medium	14,1	4,5
7. Medium	5,0	−1,7
8. Medium	3,0	−4,3
9. Medium	−6,1	−17,8

gebracht werden können. Das kann bei der Beantwortung der Frage sinnvoll sein, ob und in welcher Intensität einzelne Medien unterschiedliche Tendenzen in ihren Berichten über bestimmte Attitude Objects aufweisen, also Unternehmen, Branchen oder Berufsstände wie Professoren, Lehrer Manager, Journalisten und andere Positionen, die mit dem Attribut des Intellektuellen belegt sein können.

Eine zusätzliche Frage könnte sein, ob *einzelne* Medien durch ihre *extreme* Berichterstattung das Ergebnis beeinflusst haben. Die Daten, die mit dieser Methode gesammelt worden sind, lassen eine klare Antwort zu. Auch hier wieder einige Zahlen aus dem Projekt: Nach Medien geordnet wird zum Beispiel das Unternehmen AO1 in den einzelnen Zeitungen und Zeitschriften in den Berichtszeiträumen 1 und 2 folgendermaßen und durchaus unterschiedlich eingestuft (Tab. 5.3).

In der Verteilung der wertenden Aufmerksamkeit verändert sich diese Hierarchie leicht, wie Tab. 5.4 dokumentiert.

Man mag das Verfahren für überkomplex und im Alltag für wenig praktikabel halten. Es gibt allerdings wichtige Gründe, die für eine solche Methodologie sprechen. Vor allem dieser: Immer wieder zeigt sich, dass die Wahrnehmung trügt, dass etwa die mediale Präsenz etwa eines *Unternehmens* zu einem bestimmten Zeitpunkt als überaus positiv oder negativ erfahren wird, obwohl in der langfristigen, alltäglichen und möglicherweise nicht minder wirksamen Routine-Berichterstattung ganz andere Ergebnisse zu Tage treten. Die Identifikation dieser Ergebnisse ist nur in einer längerfristigen und quantitativen Analyse der Dynamik wertender Äußerungen möglich. Wenn die Routine erst einmal etabliert ist, läuft das Verfahren ohnehin fast automatisch. Das heißt natürlich nicht, dass nicht am Ende Interpretationen, Deutungen, Schlussfolgerungen und die Formulierung von Konsequenzen nötig sind. Diese Nachbearbeitung der Daten allerdings zählt nicht mehr zu den technischen Vollzügen der statistischen Arbeit. Sie ist Sache der Kommunikation.

Zweitens ist jederzeit eine Reduktion auf ein weniger komplexes Modell möglich. Entscheidend ist dabei, dass man die methodische Reduktion *kontrollieren* kann, dass man also – vom komplexen Ausgangsmodell eines Verfahrens startend – Schritt für Schritt der jeweiligen Fragstellung entsprechend ein simpleres Vorgehen entwirft und dabei immer die kontrollieren kann, wie hoch der Informationsverlust ist und ob man diesen eventuellen Informationsverlust akzeptieren will. So könnte die sieben Punkte umfassende Skala aus dem oben skizzierten Beispiel der Wertung von Managern und Unternehmen auf eine so genannte Nominalskala reduziert werden, mit der nur generell positive, neutrale und negative Wertungen erfasst werden.

Das sähe dann aus wie in Tab. 5.5.

Nun wäre denkbar, dass eine Reihe von Personen auf dem Kontinuum, das sich auf diese Weise ergibt, den *gleichen Wert* erreicht, was dann ja dazu führte, dass es *kein Ranking* gäbe.

Ein großartiges Argument!

Die Forderung hieße übersetzt ja doch, dass man unbedingt so viele *unterschiedliche* Werte benötigte, wie es Positionen gibt, so dass das Ergebnis eines journalistischen Begehrens (eine möglichst verkaufsträchtige Reihenfolge) feststeht, ehe man die Recherche begonnen hat. Dann begänne wieder der – faule Zahlenzauber. Es würde eine Wirklichkeit inszeniert, die es nicht gibt. Dass es sie so tatsächlich nicht gibt, zeigt das Magazin *Cicero* selbst in bemerkenswerter Flexibilität in einem Essay über die „Moral vom Fließband", in dem Reinhard Mohr mit einer Reihe dieser *Public Intellectuals* abrechnet.

http://www.cicero.de/berliner-republik/die-moral-vom-fliessband/49488

Public Intellectuals, das heißt: Sie sind *bekannt* und daher geldwerte Vorteile für Medien, in denen man nach Bekannten sucht, auch wenn noch nicht Bekanntes

Tab. 5.5 Normenskala

Attitude Object	Verbal Connector	Wert Verbal Connector	Evaluatuve Common Meaning Term	Wert ecm	Produkt
AO1	*ist*	+	*von herausragender Intelligenz*	+	+
AO1	*könnte*	+	*internationale Karriere machen*	+	+
AO1	*hat allerdings*	+	*einige Schwächen*	–	–

interpretiert werden soll. Da wird dann nicht unbedingt auf die Fachleute zurückgegriffen, sondern auf die, die alles so kommentieren, dass alle alles verstehen, weil man ihnen einen Vorschuss gewährt, der allein auf ihrer Bekanntheit beruht und erneut dem Prinzip der *Cumulative Advantage* folgt: Das spart Arbeit. So sind die Rollen in diesem Wechselspiel von Bekanntheit und Kompetenz in der Regel mit festem Personal besetzt, das immer dann aufgerufen werden kann, wenn sich bestimmte ressortspezifische Fragen auftun, psychologische, philosophische oder Zukunftsfragen. Schauen wir uns deshalb drei der meist zitierten Content Provider dieser Art an, die in einem imaginären Ranking zu herausragenden Repräsentanten der Wirklichkeitsdeutung avanciert sind: den von den Medien so genannten „Psychologen der Nation" Stephan Grünewald, den „Philosophen der Nation" Richard David Precht, und den – nach eigenen Aussagen renommiertesten – „Zukunftsforscher der Nation", Matthias Horx.

Neues von den Erzählern der Nation: Publizistische Ersatzreserve der Forschung

6

> Wo die Grenzen der professionellen Expertise sichtbar werden und Unsicherheit herrscht, lässt sich etwas Eigenartiges beobachten: Offensichtlich lagern viele sonst so kühl kalkulierende Manager alternative Ideenfindung an die Protagonisten einer neuen intellektuellen Dienstleistung aus, deren Vertreter mit dem Habitus von Gurus auftreten und die Lösung unlösbarer Probleme versprechen. Sie geben sich als Wissenschaftler zu erkennen, als Psychologen, Philosophen, Soziologen, Consultants und Finanzexperten. Wer nicht weiß, was die Zukunft bringt, wohin die Gesellschaft driftet, oder Angst um sein „Vermögen von mehr als 250 Tausend Euro" hat, wird gern bedient. Dazu entwickeln die Anbieter einen metaphorisch-poetischen Sprach-Habitus, der mit exotischen Anglizismen und Gesamterklärungsmustern für ein Gegenmodell zum kristallinen BWL-Esperanto und ein Gefühl tiefer Einsichten sorgt. Anders als ihre (als faul geschmähte oder als fleißig geehrte) akademische Konkurrenz im Elfenbeinturm geißeln sie den „Jargon" der Wissenschaft und bieten „leicht verdauliche" oder auch „hirngerechte" Globaldiagnosen höchst komplizierter Prozesse, Studien, Science-Digests oder Finanztipps. Zahlen vermeiden sie meistens – bis auf solche, die zu ihren Erlösungsversprechungen passen. Das sich anschließende Methodologische Intermezzo 3 widmet sich der kritischen Weiterführung von Zahlenwerken verbreiteter Themen, durchbricht die Erzählmuster und illustriert, wie Mathematik und Statistik Ausgangspunkte des produktiven Zweifels sein können.

H. Rust, *Fauler Zahlenzauber*,
DOI 10.1007/978-3-658-02517-5_6, © Springer Fachmedien Wiesbaden 2014

6.1 Der Psychologe der Nation

Welche wirtschaftliche Bedeutung das Angebot dieser Personen und des Bera-
tungs-Genres, das sie repräsentieren, hat, ist nie berechnet worden. Es ist wohl
auch nicht zu berechnen. Daher wird von ihnen selbst eine Art Umweg-Indikator
eingeführt: die Medienpräsenz. Sie gilt als Beleg für die wirtschaftliche Bedeutung.
Ob das stimmt, ist fraglich. Wichtiger aber noch als dieser Syllogismus ist das Erzählmuster des Angebots: Es ist die alte Geschichte von der Erlösung aus bedrohli-
chen Situationen. Ein Erzählmuster, das sich auch in einem bestimmten Genre der
Finanzberatung wiederfindet.

Eine Bemerkung ist auch hier unerlässlich: Die folgende kritische Auseinandersetzung zielt nicht auf das *Geschäft* der genannten Personen. Das ist legitim, stre-
ckenweise vielleicht sogar originell und folgt in jedem Fall einem Markt-Bedürfnis.
Nichts daran ist zu kritisieren. Was hier zu prüfen bleibt, ist die Rolle, die diese
Repräsentanten sich als *Wissenschaftler* zuschreiben, dabei vor allem die wort-
mächtig vorgetragene Behauptung, der untragbaren Komplexität der vorgeblich
akademischen Wissenschaft und ihrer Verliebtheit in unverständliche *Jargons* eine
Alternative entgegenzusetzen, die vor allem eines sei: *leicht verdaulich*. Auffallend
ist die Bereitschaft der Medien, Universaldiagnostiker und Universal-Diagnosen zu
zitieren. „Stephan Grünewald", liest man zum Beispiel in zahlreichen Mitteilungen
zum Buch „Die erschöpfte Gesellschaft. Warum Deutschland neu träumen muss",
sei der „*Experte* für die Seelenlage der Deutschen. Er analysiert *unser* Befinden
mit *erstaunlichen* psychologischen Methoden, unterstützt durch den Fundus seiner *einzigartigen* Daten" (Hervorhebungen auch in diesem Zitat von mir). Die Rezensenten, beziehungsweise Multiplikatoren der Presseaussendung, verbreiten den
Eindruck, hier habe man einen aktuellen Zeitzeugen zur Verfügung, der besser als
alle Wissenschaft, pointierter als alle Experten in renommierten Forschungsinsti-
tuten zu jedwedem Thema eine Aussage treffen könne, sozusagen auf der Grundlage eines geradezu enzyklopädischen Wissens. Die Bandbreite der Zitierungen
von Grünewalds Weltwissens ist denn auch gewaltig. Er spricht und schreibt zu
Abwrackprämie, Fußball, Schlaflosigkeit, Steinbrück, Strauss-Kahn, Kölner, Fukus-
hima, Pflaumenmus als Mittel gegen die Krisenangst und buchstäblich zu weiteren
duzend Themen, darunter als neuestes eben dies: dass *Deutschland* träumen müsse.
Oder in der Formulierung vieler Interviews dazu: Warum *wir* träumen müssen.

Die erste Frage, die sich jedem methodologisch und statistisch versierten Forscher aufdrängt, ist natürlich die nach der Repräsentativität der allumfassenden
Psychoanalyse: Wer ist das, dieses Deutschland, *die* Deutschen, *wir*? 82 Mio., alle
mit ein und demselben Charakterzug? In diesen Formulierungen versteckt sich ein
verbreitetes Motiv: die Vorgabe von Repräsentativität durch die Einvernahme der

Leserinnen und Leser. „Wir" – das verweist auf verallgemeinerbare Befunde. Das Wort nimmt die Leserschaft gleichzeitig in eine Art Komplizenschaft der Eigentlichkeit: „Genau: So ist es doch!" Aus diesem Grund ist es angebracht, die Plausibilität solcher Fundamental-Diagnosen zu prüfen, denn eine Menge Leute sind ganz und gar nicht depressiv, halten sich aber, weil die Diagnose so breite Aufmerksamkeit gewinnt, für Ausnahmen.

Zum ersten Male traf der Autor die Kollektiv-Diagnose in seinem 2005 erschienenen Bestseller „Deutschland auf der Couch". Schon der Klappentext dieses Buches hätte Journalisten zu einigen kritischen Fragen inspirieren müssen (Hervorhebungen H.R.): „Politiker, Soziologen und Ökonomen haben sich in der jüngsten Vergangenheit zur Lage der Nation geäußert. Doch *niemand* hat bislang den einzelnen Menschen und die Gesellschaft gleichermaßen in den Blick genommen. Stephan Grünewald, Mitbegründer und Geschäftsführer des renommierten Rheingold-Instituts, stellt basierend auf jahrelanger Forschungsarbeit die Diagnose: *Die Deutschen fühlen sich überdreht und erstarrt zugleich.*"

Als Beleg für die These dient zunächst die Zahl von 20.000 Interviews. Das machte Eindruck und sorgte in vielen Medien für rückhaltloses Erstaunen. Dass die Befunde aus einer großen Zahl von kleineren Projekten stammten, die oft nicht unter dem Gesichtspunkt der vorgegebenen Forschungsfrage unternommen worden waren, wird von Grünewald hier und da eingeräumt – wenn danach *gefragt* wird. Das bedeutet: Projekte wie „Deutschland auf der Couch" basieren auf „Sekundäranalysen", auf der Interpretation von Daten eines oder mehrerer Projekte aus dem Blickwinkel einer *neuen* Fragestellung. Die Regel bei solchen Projekten ist eindeutig (wenngleich sie zu hochkomplexen Zusatzarbeiten zwingt): dass alle benutzten Studien auf ihre Aussagekraft für diese neuerliche Fragestellung hin geprüft werden müssen. Um nur einige wichtige Punkte zu nennen, die einem qualitativen wie quantitativen Verfahren unterworfen werden müssen: Da ist als Erstes natürlich die *Fragestellung* selbst. Sind überhaupt Hinweise auf die neuen Aspekte vorhanden? Es folgt die Wahl der *Methoden* und einzelnen *Techniken* in den jeweiligen Studien: Lassen sie sich miteinander und in Bezug auf die neue Fragestellung in Beziehung setzen? Es geht weiter um die *Auswahl der Befragten*, die *Zeitpunkte und Orte* der Feldarbeit, die statistischen oder qualitativen *Auswertungsverfahren* und *Interpretationsansätze*.

Diese Fragen sind insofern von erheblicher Bedeutung, als ja ein Jahr später, 2006, die Diagnose des *depressiven Nationalcharakters* offensichtlich keinen Bestand mehr hatte. Da spielte sich dann das so genannte „Sommermärchen" der Fußballweltmeisterschaft ab – und führte, wie derselbe Interpret des Nationalcharakters schlussfolgerte, in einer Art selbsttherapeutischem Rausch zum genauen Gegenteil dessen, was er vorher diagnostiziert hatte. Aus welchen psychischen Potenzialen diese Umkehr sich nährte, blieb ebenso rätselhaft wie die nun, 5 Jahre später, erneut identifizierte Düsternis, aus der – wie angeführt – nur *Träume* erlösen.

Das ist in kurzen Sätzen der inhaltliche Aspekt.

Nun bleibt noch die Behauptung der *Einmaligkeit*, also der forschungstechnischen Innovation, und die Frage zu beantworten, wie denn das Vorgehen *konkret* aussieht. Zunächst zur Einmaligkeit – es hieß ja: *Niemand* habe bislang den Einzelnen und die Gesellschaft gleichermaßen in den Blick genommen? Eine sehr wacklige, wenn nicht anmaßende Behauptung: Ungezählte soziologische, psychologische und durch Soziologie und Psychologie inspirierte wirtschaftswissenschaftliche Projekte, die an einschlägigen Universitätsinstituten oder in einem der vielen Sonderforschungsbereiche in der Bundesrepublik zu Fragen des Lebensstils, zur Befindlichkeit von Deutschen und zur generellen Einstellung der Bevölkerung durchgeführt worden sind, widerlegen diese Behauptung. Da sind die Projekte in *Ministerien*, an *Max Planck-Instituten* oder auch in den renommierten kommerziellen Forschungseinrichtungen (*GfK*, *Prognos*, *Allensbach* usw.), dann die zum Teil Jahrzehnte umfassenden Zustandsbeschreibungen der deutschen Mentalität durch die Langzeitstudien in Erziehungswissenschaften und Jugendsoziologie (Hurrelmann), Familiensoziologie (Bertram) oder zur Mentalität der Deutschen (Heitmeyer).

Wobei doch den recherchierenden Journalisten auffallen müsste, dass die Prognose-Qualität ihres immer wieder zu Interviews über die eigenen Elaborate eingeladenen Repräsentanten für dies oder jenes mitunter nachweislich recht dünn ausfällt – nicht nur, was den vorgeblichen Nationalcharakter betrifft. In einem Interview mit dem *Stern* prognostiziere Grünewald 2009: „Die FDP ist nach einer psychologischen Studie zu den Wahlmotiven der Deutschen der große Gewinner der Wirtschaftskrise". Das Kölner Rheingold-Institut komme zu dem Ergebnis, so las man, dass die Liberalen als „sympathisches Projektionsfeld für eigene Wünsche" empfunden werden. Parteichef Guido Westerwelle selbst habe „buchstäblich einen Dämpfungsprozess durchlaufen". Er komme auch bei unzufriedenen Sozialdemokraten gut an. „Zuwächse wird vor allem die FDP erzielen", erwarte daher Rheingold-Geschäftsführer Stephan Grünewald.

http://www.stern.de/wahl-2009/umfrage/studie-fuer-den-stern-fdp-gewinner-der-wirtschaftskrise-1509128.html

Der Interviewer des *Stern* verzichtete allerdings in späteren Gesprächen, in denen der Autor über die Abwrackprämie oder eben das Traum-Buch sprach, auf diese offensichtliche Fehlprognose einzugehen. Statt dessen las man eine romantisierende Beschreibung nicht mehr ganz so *depressiver*, dafür aber verzopft *regressiver*

Deutscher. „Es gibt keine Nation, die ein so inniges Verhältnis zum Träumen hat. Deutschland ist das Land der Dichter, Denker, Querdenker, Bastler und Frickler. Im Alltag beobachten wir, dass die Deutschen begeisterte Heimwerker sind. In keinem Land gibt es so viele Baumärkte wie hierzulande. Der Hobbykeller, die Studierstube, das sind Orte, an denen man mal zu sich kommen kann. An denen Werkstolz entstehen kann. An denen man seine Sache bauen, montieren, spintisieren kann. Über das Träumen können die Deutschen ihre Unruhe in Schöpferkraft verwandeln." Das ist schon bemerkenswert, wenn Dichter, Denker, Querdenker in einem Atemzug mit beruhigender Träumerei erwähnt werden. Noch bemerkenswerter aber ist der Bezug auf den Hobbykeller, in dem *wir* Deutschen bastelnd träumen könnten, um aus den Tiefen *unserer* Depression und der Getriebenheit quasi geläutert zu erwachen und zu schöpferischen Taten schreiten zu können.

Genau diese Haltung charakterisiert Tausende von jungen Unternehmensgründerinnen und -gründern, das Management in den Konzernen, vor allem aber die deutsche mittelständische Industrie: pragmatische Gelassenheit, die virtuos und erfinderisch mit Krisen umgeht und keines der vom Psychologen der Nation georteten Symptome zeigt. Wenn mehr als 94 % der befragten Repräsentanten der mittelständischen Unternehmen selbst in Zeiten drängender Krisen eher von „Herausforderung" als von „Drohung", „Chaos" oder „Schicksal" reden (alles Kriterien, die im einstelligen Prozentbereich rangieren), lässt sich wohl kaum verhehlen, dass die Träumer eigentlich hellwach sind. Diese Befunde stammen übrigens aus einem meiner Projekte, einer Befragung von 310 Mittelständlern in den Jahren 2011 und 2012, ergänzt durch 22 Gespräche und eine Analyse von 80 publizierten Interviews. Diese 310 Befragungen, 22 Gespräche und 80 Contentanalysen erscheinen natürlich angesichts der gigantischen Fallzahlen von 7000, 10.000, gar 20.000 Tiefeninterviews recht kümmerlich.

Was aber wichtiger wäre und noch aussteht, ist eine Antwort auf die Frage nach der verbindenden Linie, dem roten Faden, der die auf so unterschiedliche Weise entstandenen Interviews zusammenbinden könnte. Grünewald bezieht sich auf die Theorie des Kölner Psychologen Wilhelm Salber, der die Idee des *morphologischen Tiefeninterviews* entwickelt habe. Diese Methode, resümiert Salber auf seiner Website, bringe etwas für „Medien, Film, Kunst, Werbefeldzüge, Fabrikationsbetriebe, Erziehungsprozesse, Vorgänge in der Wirtschaft, Entwicklungs- und Generationsprobleme, Parteibildungen, Kulturgeschichte". Salber arbeitet nach seiner Emeritierung unter anderem als Berater von RTL. In der akademischen Welt, räumt er ein, habe sein Denkansatz nicht reüssieren können – dafür aber in der Wirtschaft.

Auf dieser Grundlage räumt Grünewald nun mit einem Gebot der akademischen Forschung auf – dem der *statistisch* erhärteten Repräsentativität. Sie sei ein *Fetisch*. An die Stelle der *statistischen* setzt Grünewald die *psychologische* Repräsentativität. „Psychologische Repräsentativität leistet […] zweierlei. Sie ermöglicht erstens, sich ein umfassendes Bild über die Wahrnehmung und Funktion eines Produktes oder einer Marke zu machen. Sie bietet zweitens die beste Basis für eine an der Lebenswirklichkeit der Verbraucher orientierte Markt-Strategie. Qualität in der Marktforschung steht und fällt nicht mit der Zahl der explorierten Fälle, sondern mit der Güte und Tiefe der Exploration und ihrer analytischen Durchdringung." So zu lesen in einem Dossier zur Frage der Repräsentativität aus der Sicht verschiedener Autoren, das ich ebenfalls zur Lektüre empfehle:

http://www.marktforschung.de/marktforschungdossier/maerz-2012/fetisch-repraesentativitaet/

An dieser Passage erstaunt vor allem die Bemerkung, dass die *Qualität der Marktforschung nicht von der Zahl der explorierten Fälle* abhänge. Sie erstaunt deshalb, weil in fast allen Rezeptionen der Grünewald-Studien die Qualität mit der *riesigen Zahl der Fälle* begründet wird. Aber selbst bei der sorgsamen Lektüre der Philippika gegen traditionelle Empirie wird klar: An keiner Stelle wird ein Qualitätskriterium klar benannt, das die höchst seltsam so genannte „psychologische Repräsentativität" nachvollziehbar begründet. Somit entsteht ein interessanter und sehr intelligenter Fall von *Topic Transformation*: Quantitative Basis als Legitimation und psychologische Interpretation erlauben Zugänge nach Maß. Die publizistisch interessante Mutmaßung wird zum Allgemeinfall. Am Ende lässt sich dann Pflaumenmus als Mittel gegen die Krisenangst empfehlen, die Nutzung der Abwrackprämie in vulgärfreudianischer Weise als sublimierte Sexualität ausgeben und auch ansonsten herumdeuten, ganz so, wie es einem offensichtlich imaginierten Publikum behagt (auch wenn es möglicherweise dieses Publikum nur in der Vorstellung der Protagonisten gibt).

Oder gibt es das wirklich? Eines allerdings muss man Stephan Grünewald zugutehalten: Er hat sich nie in die Diskussion um die verheerende Wirkung von Testosteron für das Finanzwesen eingeschaltet.

6.2 Der Philosoph der Nation

Ganz anders der gegenwärtige „Philosoph der Nation", vom *Spiegel* auch zum „Alleswisser der Nation" ernannt: Richard David Precht. Der erklärte laut einer dpa-Vorabmeldung über ein Interview für die Frauenzeitschrift *Für Sie*, die in mehr als hundert Medien verbreitet wurde, Testosteron zum puren Gift. „„Das männliche ‚Testosteron ist in höheren Dosen giftig und macht blöd', erklärte der Publizist. Ein höherer Ausstoß des weiblichen Östradiol schränke dagegen die Gehirnfunktion nicht im gleichen Maße ein."

Zuvor hatte er „mit Mythen um die Intelligenz der Geschlechter aufgeräumt. ‚Das männliche Gehirn ist im Durchschnitt ein wenig größer als das weibliche. Aber auf die Größe kommt es auch hier bekanntermaßen nicht an, die hat mit der Intelligenz nichts zu tun', sagte der 47-jährige Philosoph dem Frauenmagazin. […] Vielmehr hätten Frauen gegenüber Männern gewisse Vorteile."

Humanbiologische Spezialitäten dieser Art kommen beim Prechtschen Publikum sicher recht gut an, das ja, wie der Großteil der Rezensionen von Prechts Büchern verzückt und im biologischen Bild beharrend konstatiert, auf *leichte Verdaulichkeit* der neuen philosophischen Aufklärung schwört. Allerdings auch entsprechende Ängste zu bewältigen hat, wie eine Frage auf *yahoo* zeigt (vorausgesetzt, m sie war nicht ironisch gemeint): „Hey, hab neulich Herrenschokolade für meinen Freund gekauft. Würd auhc egrne probierne (sic!), weil er die voll lecker findet. Ich hab aber so meine Bedenken weil ich gehört habe, dass da viel Testosteron drinn ist… nicht, dass ich dann nen Bart bekomm oder so… oder ist die sogar giftig? Weil es muss ja nen Grund geben warum da nur ‚Herren' steht."

http://de.answers.yahoo.com/question/index?qid=20101231120346AAAt1nb

Precht hatte seinen *shooting start* mit einem Philosophiebuch „Wer bin ich und wenn ja wie viele", das in einer TV-Literatursendung von Elke Heidenreich als geradezu entrückende Erfahrung vorgestellt wurde: Wer dieses Buch lese, habe „den ersten Schritt auf dem Weg zum Glück schon getan". Und Literaturkritiker Dennis Scheck stellte in seiner ARD-Sendung *Druckfrisch* fest: „Angetrieben von unbändiger Erkenntnislust und ansteckendem Wissensdurst unternimmt Richard David Precht eine Rundreise ins Reich der Philosophie und Hirnforschung, verzichtet dabei wohltuend auf Originalität um der Originalität willen und hat gerade deshalb etwas sehr seltenes geschaffen: einen kompetenten Ratgeber, der seine Leser nicht für dümmer verkauft als sie sind." „Selten schön" sei das Buch, so ein faszinierter Blogger im Internet. Und einem Amazon-Kunden zufolge „beweise" Precht, dass man Marx, Luhmann und andere Philosophen nicht im Original gelesen haben müsse, um *mitreden* zu können.

Was war geschehen, dass die Rezensenten so aus dem Häuschen gerieten? Eine Erklärung liegt in der Historie des Buches selbst. Ursprünglich, bevor Heidenreich es als „Weg zum Glück" bejubelte, war es als eine Einführung in die Philosophie für Jugendliche gedacht und mit den üblichen Versatzstücken der Werbung verbreitet worden, die immer eingesetzt werden, wenn es um *alles* geht: eine, wie ja auch Scheck replizierte, *Rundreise* in die Welt des Denkens, auf die *uns* ein Autor *mitnimmt,* hier konkret durch die Welten der Hirnforschung, Psychologie, Verhaltensforschung und anderer Wissenschaften. Die *Augsburger Allgemeine* ernannte Precht zu Deutschlands populärstem Philosophen – mit rund hundert Vorträgen pro Jahr. „Das Gefühl, dass er ein Thema abspult, entsteht nicht. Precht versteht es, sein Publikum zu fesseln. 90 min lang zitiert er *Wirtschaftspsychologen* und *Hirnforscher, Asterix* und *Sarrazin,* stets *leicht verdaulich* aufbereitet und mit anschaulichen Beispielen gewürzt."

> http://www.augsburger-allgemeine.de/wirtschaft/Wir-sind-lieber-die-Boesen-als-die-Dummen-id9608446.html

Rund hundert Vorträge pro Jahr: Da der Marketingwert für die interne und externe Kommunikation gegeben ist (Bekanntheitsgrad und Medienpräsenz), finden dann die Versatzstücke der Pressemitteilungen der Verlage ihren Weg in die PR-Texte der Unternehmen, wo sie sich dann als Bestätigung der Pressemitteilungen erweisen und einen von uns so genannten *affirmativen Zirkel* erzeugen: einen sich fortwährend durch immer neue Verwendung des Moduls „Philosoph der Nation" bestätigender Kreislauf.

„Richard David Precht beschäftigt sich in seinem neuen Buch erneut mit den *großen Fragen der Menschheit.* Seine Antworten richten sich vor allem an Kinder", schrieb der *Nordkurier* am 6. Dezember desselben Jahres. Die *Sternstunden*-Moderatorin Barbara Bleisch vom *SRF* lobte am 11. Mai 2012 Prechts „herausragendes Talent, *komplexe philosophische Sachverhalte einfach verständlich darzustellen.*" Die *Für Sie,* in der Precht seine Testosteron-Diagnose entwickelte, zeigte sich in einer auf der amazon-Seite zitierten Aussage ebenfalls von der enzyklopädischen Kompetenz überwältigt: „Von der *Neurologie* über die *Psychologie* führt uns Precht zu den großen Fragen des Lebens – klug, *witzig,* auf *neuestem wissenschaftlichen Stand.*"

„Precht vertritt die Meinung", schreibt ebenfalls bei *amazon.de* ein Rezensent namens M. Andernach, dass sich Philosophie wieder in das reale Leben einbringen sollte. Besonders viele junge Menschen wissen heute nicht mehr, wer oder was sie sein sollen. Sie haben im wahrsten Sinne des Wortes ihre ganz eigene Authentizität verloren (wissen teils gar nicht da so etwas existiert) und laufen daher oft medialen Bildern hinterher. „Ich bin der Meinung, dass Herr Precht sehr bewusst eine große Tat vollbringt, in dem er sich der Popularität opfert. Denn wenn er es schaft (sic!) in jeder Sendung etwas Gehalt unterzubringen, bewirkt er mehr als die gesamte Hochschulphilosophie." Rabaissement nannte es Maxim Gorce, ein französischer Ethnologe (frei übersetzt): das Tieferlegen von Intelligenz, auf dass sie umso geschmeidiger daherkomme.

Auf dem neuesten wissenschaftlichen Stand also? Von Philosophie, Hirnforschung, Psychologie, Physiologie und, und, und? Das erscheint manchem Medium
nun tatsächlich doch zu viel. So schreibt etwa die *Süddeutsche Zeitung*, die noch
regelmäßig die alte Kunst der Rezension pflegt, am 3. August 2012 über Precht:
„Als Bestsellerautor hat er demonstriert, wie man alten Wein in neue Bücher ab-
füllt. Demnächst versucht Richard David Precht nun, das ZDF-Publikum an all das
heranzuführen, was neuerdings in den großräumigen Brotbeutel Philosophie passt:
Pädagogik, Gentechnik, PID-Forschung, aber vor allem Lebenshilfe, Lebenshilfe,
Lebenshilfe."

Und an anderer Stelle schon zwei Jahre zuvor, am 17. Mai 2010: „Prechts wichtigstes Anliegen darin ist es, die Evolutionspsychologie und ihre Erklärungen
menschlicher Sexualität und der Geschlechterbeziehungen zu verwerfen. In diesem Zusammenhang erklärt er auch gleich, weshalb die gesamte etablierte Evolutionsbiologie und Verhaltensbiologie falsch liegt – oder jedenfalls das, was der
Autor dafür hält. Dies ist ein großer Unterschied, denn Richard David Precht kennt
sich auf diesen Gebieten kaum besser aus als Oliver Pocher. Als wichtigste Quelle
zur Evolutionspsychologie dient dem Autor die deutsche Übersetzung eines 1994
veröffentlichten popwissenschaftlichen Buches des Journalisten William Allman
– völlig irrelevant in Fachkreisen, nach Prechts Auskunft aber ,Prototyp für die
gegenwärtige evolutionäre Psychologie'."

Einige weitere Quellen zur Kritik, damit nicht der Eindruck entsteht, hier sei
selektiv ausgewählt worden:

http://www.tagesanzeiger.ch/kultur/fernsehen/Precht-hat-eine-grosse-Gabe/
story/12929649?comments=1

http://blogs.taz.de/popblog/2009/12/12/schmaehkritik_278_richard_david_
precht/

http://www.sueddeutsche.de/kultur/bestseller-autor-precht-unglau-
blich-1.138989

http://www.zeit.de/online/2009/12/liebe-richard-david-precht

http://www.faz.net/aktuell/feuilleton/medien/buergerphilosoph-unser-lehrer-
dr-precht-11874747.html

http://www.spiegel.de/spiegel/print/d-80075378.html

http://www.sueddeutsche.de/h5T38r/1306150/Einerseits-andererseits.html

http://www.faz.net/aktuell/feuilleton/medien/guenther-jauch-macht-das-
internet-dumm-precht-skandal-schule-macht-lernen-dumm-11877370.html

http://www.faz.net/aktuell/feuilleton/buecher/rezensionen/sachbuch/richard-
david-precht-anna-die-schule-und-der-liebe-gott-oh-ihr-rennpferde-fresst-
einfach-mehr-phrasenhafer-12165641.html

http://carta.info/48510/liebe-verleger-fallt-mir-nicht-auf-philosoph-precht-herein/
http://www.fr-online.de/medien/-precht-im-zdf-richard-david-precht-der-staubsaugervertreter,1473342,17044268.html
http://www.zeit.de/kultur/film/2012-09/precht-zdf-philosophie
http://www.echauffier.de/2011/07/21/zwei-rebellen-in-kuschellaune/
http://www.welt.de/kultur/article108910788/Leichter-denken-mit-Richard-David-Precht.html
http://www.global-review.info/2012/10/05/1343/

Aber Vorsicht: Denn alle, die Kritik an den Erfolgen dieses Prinzips üben, stehen in der Gefahr, als „gescheiterte Möchtegern-Intellektuelle" diskreditiert zu werden, die in den verknöcherten oder verkrusteten oder von Altachtundsechzigern, Alarmisten und faulen Professoren geschaffenen Strukturen des Elfenbeinturms der Wissenschaft gefangen sind oder Adepten einer übellaunigen „Neidkultur", wie Precht selber interpretierte. Oder um es mit Luhmann zu sagen, über den man ja seit Precht so schön mitreden kann: Das alles legitimiert sich einfach durch sich selbst, durch sein eigenes Verfahren, durch eine unablässiges Wiederholen, durch *Random Copying*, in dessen Prozess bestimmte *Public Intellectuals* deshalb *Public Intellectuals* sind, weil sie eben dafür gehalten werden und die Rolle gerade zu besetzen war: *Cumulative Advantage*. Diesem Prozess ist nicht viel entgegenzusetzen, weil die Bestätigung von Prominenz in der *Prominenz* selbst liegt und der Markt die Präsenz belohnt. Wenn die Gleichung aufgeht, dass Prominenz = Kompetenz sei, mutet die *Rundreise* durch eine Menge von höchst komplexen Disziplinen, an denen Tausende Spitzenforscher weltweit arbeiten, nicht als enzyklopädische *Anmaßung* an, sondern als *Beleg* der Kompetenz. Wer sich indes mit Methodologie, mit Statistik und ihrer Wissenschaftstheorie beschäftigt, aber auch mit Philosophie, den Gedanken von Odo Marquard, Hermann Lübbe oder eines fast vergessenen, aber virtuosen Philosophen, der an der ehemaligen Pädagogischen Hochschule Lüneburg, Vorgängerin der heutigen Leuphana-Universität, lehrte, Hermann Schweppenhäuser – wird als Relikt einer vergangenen Zeit abgetan.

Stichwort Leuphana-Universität: Dort hat man Precht, dem „Spezialisten für Wissensvermittlung", eine Honorarprofessur eingerichtet. „Die Bestellung von Richard David Precht zum Honorarprofessor ist für Uni-Präsident Sascha Spoun ein wichtiger Schritt im Zuge des Ausbaus der Philosophie als Teil der Kulturwissenschaften an der Leuphana und ein großer Erfolg im Wettbewerb um kluge Köpfe."

http://www.leuphana.de/aktuell/publikationen/leuphana-magazin/titelstories/honorarprofessur-precht.html

Der für seine philosophischen Digestifs geehrte Philosoph dankte es mit einem
auf sich selbst zurückverweisenden Kompliment: „Die Leuphana ist eine der in-
novativsten Universitäten in Deutschland. Besonders hoch schätze ich den inter-
disziplinären Ansatz." Und lobt im *Spiegel* vom 3.November 2008 seine Univer-
sitätspräsenz mit den Worten: „Erstaunlich, dass überhaupt hin und wieder ein
interessanter Denker an den Universitäten durchkommt."

An diesem kumulativen Vorteil zu partizipieren, ist offensichtlich Teil der redaktionellen Strategie vieler Medien. So werden seit dem kometenhaften Aufstieg
von Precht Philosophen regelrecht gesucht, und am besten solche, die irgendwie so
aussehen wie Precht. Es war ja schon eine geradezu kabarettistische Aktion, als das
Boulevard-Magazin *Grazia* das Brüderpaar Philipp und Johannes Hübl entdeckte:
„Der eine gilt als das zur Zeit begehrteste Männermodel der Welt (und lebt mit der
wunderschönen Olivia Palermo zusammen), der andere unterrichtet Philosophie
an der Uni Stuttgart (in seinen Seminaren kriegen die Studentinnen nicht nur was
fürs Hirn, sondern definitiv auch was fürs Auge) …" Grazia attestiert dem jungen
Hochschullehrer, das er „bestimmt auch als Model arbeiten" könne. So auch die
Welt im August 2012, kurz nach dem Auftritt in der *NDR Talkshow*, wo einen Mo-
nat später auch Precht sich präsentierte: „Schöner Körper, schöner Geist: Johannes
Hübl ist ein weltweit gefragtes Fotomodel, sein zwei Jahre älterer Bruder Philipp
ein Philosoph. Ein Gespräch über (Achtung Dreierpack, H.R.) ihre Kindheit, gutes
Aussehen und Platon."

http://www.welt.de/lifestyle/article108809636/Wir-haben-nie-um-Frauen-kon-
kurriert.html

Wie auch immer. Zu Precht hat er auch eine Meinung: Der sei „erfolgreich, weil er
eloquent ist und gut vorbereitet in Talkshows geht. Sein Aussehen hat ihm dabei
sicher nicht geschadet." Und ergänzt diese Diagnose mit dem wirtschaftlichen Argument: „Verlage bieten zunehmend eine Gesamtinszenierung an: Buch, Autor und
Auftritt." Immerhin ist das eine philosophische Erklärung, wieder im fast schon
amtlichen Zuschnitt der mystischen Dreierkombination – nicht zuletzt auch in
eigener Sache. Und so erweitert sich das Spektrum des (laut *FAZ*) „Querweltein-
denkers" stets durch die Vervielfältigung des (im Wortsinne) imaginären Grund-
prinzips. Auch die Bücher werden sich immer ähnlicher, weil sie nicht mehr in
die Tiefe, sondern in die Breite gehen, so wie die Interviews mit ihren Themen
im Dreierpack. „Philipp Hübl führt intelligent und unterhaltsam in die moderne
Philosophie ein und gibt klare Antworten auf die großen Fragen des Lebens", wirbt
der Rowohlt-Verlag für das Hübl-Buch „Folge dem weißen Kaninchen – in die
Welt der Philosophie". Und dies sind die großen Fragen: „Gibt es Gott? Kann man

ohne Gefühle leben? Sind wir frei in unseren Entscheidungen? Haben Träume eine
Funktion? Warum ist uns Schönheit so wichtig? Hat der Tod einen Sinn? Wer dem
weißen Kaninchen folgt, sieht das *Wunderland der Wirklichkeit* mit neuen Augen.
Es ist eine Jagd mit reicher Beute, hin und her, *querweltein*, durchs ganze Leben und
zurück" (Hervorhebungen wie üblich von mir).

Wobei nun, um das Thema auch mit den Leitmotiv des Kapitels abzuschlie-
ßen, noch eine Frage gestellt werden muss: War das von der *FAZ* ernst gemeint, als
sie am 28. August 2012 die Leser aufrief, über eine Abstimmung das Ranking der
„schönsten Philosophen" zu erzeugen? Das Ergebnis war übrigens ebenso klar wie
überraschend: Platz 1 wurde von 25 % der etwas über 4000 Voten dem Karlsruher
Denker *Sloterdijk* zugeschrieben. Precht folgte mit 17 und Hübl mit 16 Prozent. Die
FAZ-Leserinnen und Leser haben offensichtlich noch ein ziemliches klassisches
Bild davon, wie ein Philosoph auszusehen hat.

Nur eines sollte man nicht aus dem Auge verlieren: Neben der Tatsache, dass
diese Bücher keine originären Gedanken ausbreiten, sondern nur Gedanken über
die Gedanken anderer, ist ja auch das Genre nicht neu: Schon mit Jostein Gaarders
„Sophies Welt" erobert das Genre der Kinderbuch-Philosophie für Erwachsene die
Bestseller-Listen. Nun ist aus Sophie Anna geworden, die vom Schulsystem betro-
gen wird. So nachzulesen in Prechts „Anna, die Schule und der liebe Gott".

Die Rezeption dieses Buches soll hier nicht weiter kommentiert werden. Sie
folgt der eben beschriebenen virtuellen Kontroverse zwischen begeistertem Bou-
levard, entgeisterter Sachkritik und erstaunter Wissenschaft. Wobei die Grenzver-
läufe nicht mehr den klassischen Terrains folgen. So widmete etwa die *Zeit* Prechts
Thesen zur Revolution des Schulwesens einen ganzen bildungspolitischen Teil,
zusätzlich ein Interview („Sind Sie der bessere Lehrer, Herr Precht?") und einen
visuellen Teaser mit dem Philosophen-Konterfei auf der Titelseite.

6.3 Der Zukunftsforscher der Nation

Eine solche publizistische Verdichtung auf einen Allround-Testimonial hatte es bislang nur einmal gegeben: 2008, als man im News-Magazin *Focus* eine Cover-Story
mit einem *Vorabdruck* aus einem Buch über Zukunftsoptimismus vom „Zukunftsforscher" Matthias Horx eröffnete, durch ein *Interview* ergänzte – mit Matthias
Horx, dann noch einen zwei Seiten umfassenden *Essay* hinzufügte, in dem – Horx
zu sich selber Stellung nahm. Das Konvolut schließlich wurde abgerundet durch
ein paar anekdotische *Belege* über die so genannten „Panik-Propheten" und „apokalyptischen Spießer" oder den „Meister Melancholiker Karl Otto Hondrich", 68er-
Fundamentalisten, „Schwarze" Pädagogik, perfide Egoisten, „Verwalter des Schre-

ckens und ihren fanatischen Adepten", „sogenannten intellektuellen Zeitgenossen"
und anderen Avataren aus dem Reich der vorgeblichen medialen Nutznießer der
Apokalypse. Das alles stammte ebenfalls – von Horx. Der folgte seinem Marken-
kern (Heute ist alles besser als früher) und geißelte die Angst vor dem Atomkrieg
als Ausdruck eines *apokalyptischen Alarmismus*; belehrte die Leserschaft darüber,
dass das Volk der Maya „vermutlich" untergegangen war, weil es „auf Umwelthei-
suchungen hysterisch reagierte", und dass die afrikanischen *Stammesgesellschaften*
deshalb so rückständig seien, weil sie den Sprung in die Industriegesellschaft nicht
wagten.

Schaut man sich das alles näher an, verwundert es nicht, dass auch Horx zum
Thema Finanzkrise die Diagnose der testosterongeschwängerten Börsen-Berseker
verbreitete und zitiert wurde (von eben jenen Medien, deren „Apokalyptizismus"
er zuvor gegeißelt hatte). Das österreichische *Wirtschaftsblatt* replizierte zum Beispiel am 11. Januar 2012: „Krisen haben laut Zukunftsforscher Matthias Horx viel
mit dem Testosteron zu tun." Selbst die *Süddeutsche* übernahm diese Pressemitteilung am 5. Oktober 2009: „Die Finanzkrise ist auch eine Testosteron-Krise. Zukunftsforscher Matthias Horx glaubt, dass Börsenrallys hormongesteuert sind." So
wie Precht an der Leuphana-Universität lehrt, gibt Horx an der Zeppelin-Universi-
ty einmal im Jahr ein Seminar, sucht also trotz der Diskreditierung der klassischen
Wissenschaft seit Erscheinen des Buches „Was ist Trendforschung" (ausführlich
dargelegte in „Zukunftsillusionen") 1996 doch die nahrhafte Nähe der Alma Mater.
Und was das betrifft – die Diskreditierung der Forschungsmethoden akademischer
Disziplinen – ist Horx führend. So erklärt er sich selbst zum *Universalwissenschaftler*, der „methodisch […] die Entwicklung einer neuen Synthese-Prognostik – einer
Verbindung von *System-, Sozial-, Kognitions-* und *Evolutionswissenschaften*" verfol-
ge. Da ist es also wieder, das Motiv der enzyklopädischen Universalität des großen,
über den verkrusteten Institutionen der alten Wissenschaft schwebenden Geistes,
der sich sogar dazu ermutigt sieht, Essays über die Quantentheorie zu verfassen
und gleich noch Gott mit einzubeziehen:

http://www.pm-magazin.de/a/steckt-gott-im-quant

Die Hyperdisziplinarität wird dann in vielfältigen Interviews auf so ziemlich alles
ausgedehnt, was aktuell wissenschaftlich interessant sein könnte und die erstaunten
Gemüter der Öffentlichkeit bewegt: Spiel- und Systemtheorie, Evolutions-Psycho-
logie, Verhaltens-Ökonomie. „Dabei kommen die unterschiedlichsten Techniken
zum Einsatz, von der Verarbeitung *massiver Daten* bis zur *Szenario*-Planung, von
der *Stochastik* bis zur *Statistik*. […] Dabei geht es im Wesentlichen um *Mathematik*,
um das Auswerten von Studien und um *Empirie*." Weitere Kostproben mit einer Li-

ste weiterer Disziplinen, die in der Kompetenz des Matthias Horx zu einer Universalwissenschaft „gesampelt" werden, sind unter den folgenden Links nachzulesen.

http://www.cash-online.de/berater/2011/trendforscher-matthias-horx-das-spiel-ist-vorbei/64495
http://www.dw-world.de/dw/article/0„15554916,00.html
http://www.handelsblatt.com/jahreswechsel/jahreswechsel-so-wird-2012/wir-kommen-in-ein-asiatisches-zeitalter/5994592.html
http://www.nw-news.de/magazin/nw_magazin/5674124_Zukunftsforscher_Matthias_Horx_im_NW-Interview.html

Erstaunlich ist nun, dass selbst die Redaktionen von Wissenschaftssendungen auf renommierten öffentlichen Kanälen derartige enzyklopädische Anmaßungen ernst nehmen, *Phoenix* zum Beispiel in einer Sendereihe über die Zukunft. Sicher, es waren einige Fachwissenschaftler dabei, die jeweils über das Spezialgebiet ihrer Arbeit sprachen. Doch der ultimative Testimonial blieb – der kommerzielle Zukunftsforscher Horx, und zwar für fast jedes Thema: „Sven Thomsen spricht mit Trendforscher Matthias Horx unter anderem über mögliche *Gefahren der synthetischen Biologie*", über *„mögliche Entwicklungen im 21. Jahrhundert […] die Herausforderungen der Urbanisierung"* und schließlich darüber *„warum die Wirtschaft weiblich wird: Frauen seien einer der Megatrends unserer Zeit."* Moderiert wurde das alles vom Schriftsteller Frank Schätzing, „der erstmals im Fernsehen eine Wissenschaftssendung präsentiert".

Es ist hier nicht der Raum, die Thesen und Trends, die Unternehmensberatungen und Studien zu jedem auch nur erdenklichen Thema zu werten. Wichtiger ist die Rolle, die die hier genannten Personen in diesem Wissenschafts-Boulevardtheater einnehmen. Wo jeder und jede Studierende mit der Betreuung ziemlichen Ärger bekäme, wird hier großzügig hinweggesehen. „Natürlich ist nicht alles brandneu", liest man zum Beispiel in einer Rezension – und die ist hier aus einer großen Zahl solcher Rezensionen als repräsentativ ausgewählt: „An der einen oder anderen Stelle mögen die Zusammenhänge etwas konstruiert erscheinen, aber in der Gesamtheit ist ‚Das Buch des Wandels' (von Matthias Horx, H.R.) flüssig und anschaulich geschrieben. Es vermeidet tief verwissenschaftlichte Diskurse und wirft ein positives Licht auf die Mechanismen – wie Menschen Zukunft gestalten."

http://www.buchvergleich.de/index.php?readID=1334

Der Versuch der hier genannten Adepten der Boulevardforschung, sich ein wenig mit dem akademischen Nimbus zu umwölken, ist jedenfalls stark verbreitet.

6.4 Bedrohungskulissen und Erlösungsversprechen

Aber wieder wird es schwierig, die komplexe Wissenschaft gegen diese Digest-Versionen zu rechtfertigen. Man braucht gute Argumente gegen die Kritik, sie sei unverständlich und zu komplex. Vor allem, weil hinter diesen Aktivitäten von „Psychologen der Nation", von „Philosophen der Nation" und „Zukunftsforschern der Nation" eine gemeinsame attraktive Erzählung liegt, die man erst einmal durchschauen muss, um die Bedeutung der Akzeptanz zu ermessen; um zu ermessen, warum eine statistisch saubere Ableitung bestimmter Aussagen die Öffentlichkeit nur mühsam erreicht und die Diagnosen der Befindlichkeit von *Deutschen auf der Couch*, von *Anna in der Schule* und den finsteren *Verschwörungen der Alarmisten* in den Medien so faszinierend wirkt. Es ist das Versprechen der Erlösung aus dunklen Gefährdungen, oder besser: der Erlöser, die den unwissenden Manager oder Geldanleger aus dem Jammertal der ohne diese Hilfe unabwendbaren Schrecknisse der Globalisierung führen.

Grünewald liefert zu allem die Kollektiv-Psychoanalyse und entwickelt eine *Traum-Therapie*. Precht bietet Erlösung von den Mühen verquaster Wissenschaft durch seinen frei schwebenden Universalismus und löst auf dieser Basis gleich eines der drängendsten Probleme: Er bringt zum Beispiel „seine Entrüstung über das deutsche Bildungssystem zum Ausdruck und entwirft das Bild einer besseren Schule. Im ersten Teil (,Die Bildungskatastrophe') stellt er dem Bildungssystem eine verheerende Diagnose. Im zweiten Teil (,Die Bildungsrevolution') macht er Vorschläge zum Umbau der Schule. Diese sind zum Teil recht radikal, wie etwa die Einführung einer Kindergartenpflicht vom dritten Lebensjahr an", so auf zeit.de am 22. April 2013. Und Horx verkauft rosige Zukünfte, die zu sehen – nach seiner Ansicht – nicht einmal Managern zu Gebote stehe, wie er als Chefredakteur eines so genannten „Zukunftsletters" propagiert: „Haben Sie persönlich oder Ihr Unternehmen bereits mit einigen dieser dramatischen Veränderungen zu kämpfen? Sind Sie vielleicht sogar von solchen Entwicklungen überrascht worden? Oder nutzen Sie schon all die neuen immensen Chancen, die jeder Wandel mit sich bringt? Wohin auch immer die Richtung gehen wird: Mit dem *Zukunftsletter* von Matthias Horx sind Sie bestens vorbereitet. Der Wissensvorsprung, den Sie durch den *Zukunftsletter* erwerben, ist Ihr Kapital: Denn wer wie Sie Verantwortung trägt und Weichen für die Zukunft stellt, muss über alles, was auf ihn zukommt, bestens informiert sein. Nur so sind Sie in der Lage, nachhaltig die richtigen Entscheidungen für Ihr Unternehmen zu treffen."

https://www.business-best-practice.de/ratgeber/gratistest/zukunftsletter_alt.php

Diese – Website ist zum letzten Mal im November 2013 aufgerufen. Das ist hier
deshalb wichtig, weil man den Werbetext zum *Zukunftsletter* heute allerdings nicht
mehr unter dem Namen Horx allein findet, sondern auch unter dem von *Eike Wenzel*.

> http://www.zukunftsletter.de/shop/welche-megatrends-muessen-sie-heute-
> kennen-damit-sie-morgen-zu-den-gewinnern-gehoeren

Es ist hier nicht der Ort, dieses Rätsel nun aufzulösen. Wichtiger ist: Wenzel selbst
leitet an der *Dualen Hochschule Baden-Württemberg* in Heilbronn ein Institut für
Trend- und Zukunftsforschung. Es sei das erste an einer deutschen Hochschule,
liest man in der Selbstdarstellung des Instituts. Wer recherchiert, wird schnell zu
anderen Ergebnissen kommen. An der FU Berlin zum Beispiel ist auf Initiative
des Erziehungswissenschaftler Gerhard de Haan an dem im Jahr 2000 gegründeten Institut Futur (http://www.institutfutur.de) vor 5 Jahren bereits ein Masterstu-
diengang „Zukunftsforschung" etabliert worden. Und an vielen anderen deutschen
Universitäten beschäftigen sich Soziologen methodologisch und insbesondere statistisch mit der Möglichkeit von Prognosen.

Wie auch immer: Wenzel führt sich im Zukunftsletter als „Gründer und Leiter
des Instituts für Trend- und Zukunftsforschung (GmbH) und Chefredakteur des
Zukunftsletters" ein. „Mit dem Portal zukunftpassiert.de betreibt Dr. Eike Wenzel
das deutsche Webportal für *wissenschaftliche* Trend- und Zukunftsforschung. […]
Zusammen mit Börsenguru Dirk Müller gibt er den Börsenbrief Cashkurs Trends
heraus und ist Herausgeber der Zukunftsstudien-Reihe *Trendwärts*."
Zu Dirk Müller erübrigen sich weitere Informationen. Er ist aus ungezählten Talk-
showauftritten bekannt. Über sich selbst schreibt er (Hervorhebung wie üblich von
mir): „Dirk Müller ist Finanzexperte, mehrfacher *Spiegel-Bestseller Autor*, Vortrags-
redner, Gründer von Cashkurs.com – und gilt als ‚Dolmetscher zwischen den Finanzmärkten und den Menschen außerhalb der Börse'. Sein Weg an der Börse begann 1992, heute zählt er zu den *bekanntesten Gesichtern* des Börsenparketts. Von
vielen Medien wird er daher auch gerne Mr. DAX genannt. Dirk Müllers Fähigkeit,
komplexe Sachverhalte mit spielender Leichtigkeit auf das Wesentliche zusammen-
zufassen und für die Allgemeinheit verständlich zu erläutern, zeichnet seine einzig-
artige Berichterstattung auf Cashkurs.com aus." Eine Prise Precht'scher Metaphorik überrascht dann schon nicht mehr: „Wir wollen Sie *mitnehmen auf eine Reise*,
deren Kurs rund ums Geld führen soll. Begleitet von *spannenden* Hintergrundge-
schichten, *unglaublichen* Tatsachen und *philosophischen* Gedanken".

http://www.cashkurs.com

Dennoch ist bemerkenswert, was beispielsweise die *Frankfurter Allgemeine Sonntagszeitung* am 16. Juni 2013 von den Thesen des Gurus hält. Unter dem Titel „Dirk Müllers tolldreiste Krisenthesen" kommt Winand von Petersdorf in einer scharfen Analyse zu diesem Fazit: „Erschütternd ist, wie ein Mann mit so undurchdachten Thesen in die Bestsellerlisten rücken kann." So stand es auf Seite 31; der Text ist im Web nur käuflich einzusehen:

http://www.seiten.faz-archiv.de/FAS/20130616/sd1201306163910796.html

Der *Spiegel* schrieb, Müller habe sein Konzept zur Lösung der Krise „,hochrangigen Vertretern' in Wirtschaft und Politik vorgetragen. [...] Jedes Mal war die Reaktion: Wieso haben wir das noch nicht? Das ist die Lösung!' Müller will nun für die Umsetzung seines Plans kämpfen. Dass er es besser könnte, als die regierenden Politiker, lässt er bei jeder Gelegenheit durchblitzen. Denn die haben entweder keine Ahnung oder führen Böses im Schilde. Und noch etwas ärgert ihn: ,Uns fehlen Politiker, die *eine Geschichte* erzählen können, sagt er nach der Buchvorstellung zu den Bewunderern, die ihn umringen. Dabei wüssten seine Anhänger sicher jemanden, der genau das wirklich gut drauf hat."

http://www.spiegel.de/wirtschaft/dirk-mueller-stellt-sein-buch-showdown-in-frankfurt-vor-a-897294.html

Zur Biografie schreibt das Nachrichtenmagazin: „Irgendwann begannen Fernsehsender, Müller zum Börsengeschehen zu interviewen – und stellten fest: Der Mann kann reden, und er redet sehr gerne. Die Fernsehmacher erkannten Müllers Talente. Und der Aktienmakler selbst witterte seine Chance auf eine zweite Karriere. Von nun an war er Experte." Das Fernsehen also, das Bilder braucht. Interessant ist eine Kurzrezension der Börsen-Redaktion der ARD, wo Müller ja als der Mann unter der Anzeigetafel mit der zum Kursverlauf analogen Mimik bekannt wurde: „Müller versucht zu beweisen, dass die USA bewusst Griechenland destabilisiert habe, um die angeblich großen Energiereserven vor russischem Zugriff zu sichern und den Euro zu schwächen. Kritiker werfen Müller ,Verschwörungstheorien' vor. Immerhin: Der Finanzmarkt-Experte zeigt Wege aus der Euro-Krise auf. Das Buch liest sich bisweilen wie ein Krimi."

http://boerse.ard.de/anlagestrategie/geldanlage/ausgewaehlte-finanzbuecher100.html

6.5   Und immer wieder Geldgeschichten

Das mag ausreichen, denn die Welle der Kritik an der Müllerschen Verschwörungstheorie der USA gegen Griechenland schwappte ziemlich hoch, interessierte in den
Online-Kommentaren aber wenige. Die hielten genau das wieder für die Bestätigung der Verschwörungstheorie oder zumindest für eine niedere Ausdrucksform
der *Neidkultur*. Wichtiger als diese Auseinandersetzung ist das Kernmotiv der Erzählung. Der Hinweis auf *Müller* führt unmittelbar in eine aktuelle wirtschaftliche
Domäne des Erlöser-Motivs: in die Welt der Geldanlage. Auch hier ist das Kernmotiv offensichtlich: Da draußen droht ein Problem: Das Fegefeuer der Zukunft ist die
Gegenwart. Dein Geld ist in Gefahr! Aber die Lösung ist verfügbar, ja sie ist sogar
käuflich. Wir haben die Lösung. Und so entsteht ein interessanter Ablasshandel
mit seligmachenden Beratungsangeboten. Das hat wohl auch den Grund, dass die
Analysen der Experten so seltsam schwammig sind und unablässig irgendwelche
Bedingungen formulieren, die nicht eintreten dürften, wenn eine bestimmte Prognose halten solle. Geradezu ein Konditional-Exzess. Nur wenige Beispiele für die
Vorspiegelung mathematischer Präzision, die aber sprachlich sofort wieder einkassiert wird (die probabilistischen Wendungen sind von mir kursiv gesetzt):

„Lehrbuchhafter Pullback: Der DAX startete *konstruktiv* in die neue Woche
und konnte dabei die Zugewinne des ‚reversal'-Musters vom vergangenen Freitag
ausbauen. Wesentlicher Kurstreiber war dabei zum einen die ‚bullishe' Auflösung
einer klassischen Korrekturflagge im Stundenchart und zum anderen die Rückeroberung des Tiefs vom 24. Mai bei 8.263 Punkten. *Per Saldo* ist damit die Konsolidierung seit dem 22. Mai u. E. bereits wieder abgeschlossen und die deutschen
Standardwerte *dürften* den bisherigen Rekordstand von 8.558 Punkten *zeitnah* erneut *ins Visier* nehmen. Übergeordnet befindet sich das Aktienbarometer *ohnehin*
in einer *günstigen* Situation: Im Anschluss an das *Lüften des ‚Deckels'* in Form der
alten Rekordstände aus den Jahren 2007 und 2000 bei 8.152/36 Punkten kam es in
der abgelaufenen Woche zu einem *idealtypischen* Pullback an diesen neu etablierten Auffangbereich, wodurch der zuvor gesehene Ausbruch auf neue Allzeithochs
nochmals bestätigt wurde. *Bis zum Beweis des Gegenteils* – sprich eines nachhaltigen Rebreaks der Schlüsselmarken bei 8.152/36 Punkten – sitzen die Bullen beim
DAX somit am längeren Hebel."

> http://www.godmode-trader.de/nachricht/DAX-Lehrbuchhafter-Pullback,
> a3105748.html

Die als „sicherer Hafen" geltende Norwegische Krone machte den Experten ebenfalls ein paar erzählerische Probleme, zumal die Ratschläge zuvor einhellig waren:

rein in die Krone. Ende Juni las man dies: „Anleger, die ihr Kapital in Norwegen geparkt haben und vor allem auf dauerhaft höhere Zinsen in Norwegen als in Euroland *gehofft* hatten, sind jetzt *enttäuscht*. Vor allem, dass sich die norwegische Notenbank so lange festlegt, nimmt *Fantasie* aus der norwegischen Krone. An der Börse legte der Euro gegenüber der norwegischen Krone sogar zu. Aus charttechnischer Sicht steigt der Euro gegenüber der Krone seit dem Jahreswechsel. Langfristig spricht der Trend *zwar* auch weiterhin noch für eine starke Krone, doch *mehren sich derzeit die Anzeichen* für einen Trendwechsel."

http://www.extra-funds.de/etf-in-fokus/norwegische-krone-bekommt-daempfer.html

Als der Goldpreis fiel, las man von einem Experten dies: „Während immer mehr Investoren das Vertrauen in Gold zu verlieren *scheinen*, *könnte möglicherweise* die vergleichsweise günstige Einstiegsgelegenheit für ein Investment in das gelbe Edelmetall sprechen."

http://www.ariva.de/news/kolumnen/Gold-Es-besteht-noch-Hoffnung-4566084

Diese weichen Formulierungen der Experten sagen ja nichts anderes, als dass man ein Risiko eingehen müsse, wenn man Geld verdienen wolle. Das wiederum eröffnet den Markt einer Reihe von Gurus, die nun vor der düsteren Kulisse im Tonfall einer Verkündigung („Ich aber sage Euch …") die Erlösung bieten (ich verzichte hier auf Quellenangaben im Einzelnen, weil diese Art von Botschaften als Button-Werbung auf vielen Websites und auf den Websites der Anbieter nachlesbar sind):

Zum Beispiel Günter Hannich: „Liebe Leserinnen, lieber Leser, dunkle Zeiten kommen auf uns zu: Das Schuldenchaos wird immer schlimmer, um uns herum brechen ganze Staaten zusammen, der Euro taumelt… Doch Sie können trotzdem entspannt bleiben und zuversichtlich in die Zukunft schauen. Denn ab heute haben Sie den Mann an Ihrer Seite, der wie kein anderer für Geld Sicherheit steht. Er ist der beste Experte für sichere Geldanlage in Krisenzeiten – der beste, den Deutschland anbieten kann: Günter Hannich. […] In diesem neuen Newsletter von Günter Hannich erfahren Sie ab sofort alles, was Sie brauchen um keinen Cent zu verlieren und in der Krise sogar noch Geld zu verdienen."

Die Aussage ist klar: „2013 wird hart." Eigentlich hätte es heißen müssen: *härter*, denn 2012 weissagte Hannich: „Ausblick 2012: Es wird hart in Deutschland." Und 2011 sollte das Jahr der „DAX-Tragödie" sein.

Wer Hannichs Prognostik also nicht mehr traut, hat jede Menge Alternativen, etwa Michael Grandt: „Erfahren Sie: wo Ihrem Geld jetzt der Totalverlust droht, wo es sicher ist und sich sogar vermehrt welche lebensnotwendigen Dinge, die jetzt noch günstig sind, Sie dringend besorgen müssen welche Sicherheits-Maßnahmen Sie für Familie, Heim und Besitz treffen müssen wie Sie sich von der Lebensmittel-, Energie- und Medikamenten-Versorgung unabhängig machen. […] Nutzen Sie ab sofort den neuen Newsletter von Dr. Michael Grandt."

Oder Rolf Morrien: „Angesichts seiner konkurrenzlosen Ergebnisse genießt Rolf Morrien bei Anlegern – aber auch bei anderen Analysten – höchstes Ansehen. Veranstalter von Messen und Anleger-Events reißen sich darum, ihn für Diskussionen und Vorträge zu gewinnen.

Für die Erfolge des Rolf Morrien gibt es indes klare Gründe: Kaum jemand kennt die Hintergründe und Mechanismen des Börsengeschäfts so gut wie er. […] Er beschäftigt sich 10, 11, 12 h pro Tag mit Aktien und den Märkten. Aber da ist noch etwas, das Morriens Erfolge ermöglicht hat: Seine Fähigkeit, die Entwicklung von Wirtschaft und Börse genau vorherzusagen." Und so fort. Überall die Erlöser-Nummer, überall ein „Mann, der Ihnen einen Blick in die Zukunft ermöglicht".

Die wichtigste Frage zu dieser Szene insgesamt, betrifft nun weniger den Zahlenzauber der Rettungsaktionen, sondern die Masse an Alternativen: Welchem der Hunderte von Männern, die einen Blick in die Zukunft versprechen, soll man denn den Zuschlag geben? Welches der Angebote zu Geldanlagen oder Trends sollte man ernst nehmen? Es müssen Zehntausende sein, von denen jedes einzelne mit tiefer Überzeugung vorgetragen wurde, wenngleich semantisch meist so, dass auch alles andere möglich gewesen wäre.

Nun sind die Prognosen dieser *Geldanlage*-Gurus leicht zu überprüfen, vor allem, weil sie ja seit Jahren mit denselben Versprechungen arbeiten: Wurde Gewinn gemacht oder nicht?

Was die *Zukunfts*-Gurus betrifft, wird es aus verschiedenen Gründen schwieriger. Man müsste auf die Methoden zur Ermittlung von aussagekräftigen Best Practices zurückgreifen: Langfristige Performance, gemessen an klaren Kriterien, wie beschrieben. Das aber wird schwierig, wenn einige Hundert Trend-Agenturen den Blick in die Zukunft versprechen und gleichzeitig in ihren wöchentlichen, monatlichen, vierteljährlichen, jährlichen Trend-, Zukunfts-Letters, Radar-Informationen, Monitoring-Listen – mit anderen Worten: Clippings Hunderte von Trends anbieten? Wenn allein aus dem Zukunftsinstitut in den *letzten* 10 Jahren in den jährlichen „Trend-Reports" immer wieder neue *Dekaloge* von Schlüsseltrends für die *nächsten* Jahre ausgekundschaftet werden, mithin also bereits einhundert solcher Schlüsseltrends der nächsten Jahre existieren? Wenn gleichzeitig ein beträchtlicher Teil dieser Schlüsseltrends unvereinbare Widersprüche aufweist? Und weiter die Konkurrenten auf ähnliche Weise jährliche Updates und auch nur zehn fundamentale Trends pro Jahre liefern? Wenn also bei geschätzten 100 Agenturen in den letzten 10 Jahren 10.000 Schlüsseltrends für die nächsten Jahre entdeckt wurden. Aber es gibt weit mehr als diese einhundert Agenturen. Weltweit sind es Tausende, und in so genannten Zeiten der Globalisierung werden diese Trends ja wohl doch grenzüberschreitend wirken.

Doch das ist ja nur ein kleines und sehr vordergründiges Problem, weil klar ist, dass es sich hier, wie eingangs bereits bemerkt, schlicht um ein *Geschäft* handelt, um den Verkauf schnell verderblicher Ware, die jeder mutmaßlichen Mode nacheilt; um die Abfassung von Studien, die ein wissenschaftliches Institut kaum durchführen würde.

Wenn aber ein als „Philosoph der Nation" gehandelter Buchautor bei seiner *Rundreise* jeweils auf dem *neuesten wissenschaftlichen Stand* von Hirnforschung, Evolutionstheorie, Pädagogik, Psychologie zu argumentieren vorgibt, wenn der Gründer einer Trendagentur sich selbst zum Universalwissenschaftler ausruft und Systemtheorie, Statistik und Stochastik, Evolutionswissenschaften und Chaostheorie „sampelt", müsste man, um eine Kritik zu legitimieren, den tatsächlich neuesten wissenschaftlichen Stand der einzelnen Disziplinen kennen. Das heißt: Man müsste Abertausende von zum Teil widersprüchlichen Studien hochspezialisierter Elite-Wissenschaftler durcharbeiten, ihre Methodologie begreifen, ihre innere Logik erfassen, ihre Fachsprache übersetzen, um einen Eindruck vom neuesten wissenschaftlichen Stand zu erhalten.

Das ist ebenso unmöglich wie anmaßend. Ungefähr so, als träten in einem hochklassigen Bewerbungsgespräch Aspiranten für eine Managementposition auf, die sich fundierte Kenntnisse in allen Ressorts, vom Controlling über Personalwesen, Forschung und Entwicklung, bis hin zu Produktion, Vertrieb und Marketing zuschreiben.

Ebenso wie es unmöglich ist, die Methodologie des „Psychologen der Nation", Stefan Grünewald zu einzuschätzen, der sich ja doch immerhin auf jährlich 10.000 Interviews beruft. Aber was bedeutet diese Zahl eigentlich? Jährlich 10.000 Tiefeninterviews; Dauer um die 2 h, pro Interview; dann 6–8 h Auswertung; und für die Sekundäranalyse müssten, wie beschrieben, aufwändige Rekonstruktionen (auch statistischer Natur) vollzogen werden. Und wie Einzelfälle im Hinblick auf die Ortung kollektiver Mentalitätszustände oder die Entwicklung von Geschmackskulturen bearbeitet werden müssten, um eine valide Aussage treffen zu können, ist im *Methodologischen Intermezzo 1* beschrieben worden.

Nach unseren Erfahrungen aus qualitativen Projekten, also den bereits beschriebenen Single Case Studies, brauchen Transskripte zweistündiger Interview mindestens einen Tag Aufbereitungs- und Auswertungszeit – vorausgesetzt, man unternimmt keine *qualitative* Auswertung, die in einem diskursiven Verfahren (also in Experten-Ratings der Bedeutung von einzelnen Argumenten) arbeitet oder, wie im

Methodologischen Intermezzo 2 beschrieben, die Repräsentativität mit Hilfe einer komplexen Matrix feststellt. Selbst bei einer nur oberflächlichen Auswertung bliebe es bei einem Tag pro Interview (nimmt man 6–8 h Auswertungszeit), so dass also mindestens 10.000 „Manntage" zu verbuchen wären, um die Interviews angemessen auszuwerten. Aber so strenge Maßstäbe wird man an die Diagnosen Grünewalds sicher nicht anlegen müssen. Es handelt sich eigentlich ja nur um Interpretationsangebote, die überprüft werden müssten. Doch damit gerät man wieder in das eben beschriebene Problem, dass eine Vielzahl von gegenläufigen Befunden über die mittelständische Wirtschaft und die immer wieder gemessene Zuversicht der Deutschen im internationalen Vergleich in Umlauf sind.

Die Botschaft lautet eigentlich: Wenn es so viele Angebote gibt und auch nur ein Bruchteil davon ernst genommen werden müsste, ist jede Interpretation und mithin jede Zukunft denkbar und vielleicht sogar plausibel. Das aber heißt gleichzeitig: So wie es unmöglich ist, die Kausalkette gegenwärtiger Erscheinungen in aller Klarheit aus den unendlich verknäuelten Faktorenkonstellationen der Vergangenheit zu entwirren, ist es unmöglich, irgendetwas jenseits trivialer Unwichtigkeiten vorauszusagen. Selbst die Gegenwart ist nicht zu begreifen, weil sie sich aus einer unglaublichen Vielfalt von unterschiedlichen Möglichkeiten konstituiert – und aus dieser Konstitution in jedem Moment neue Zukünfte generiert.

Niemand kann irgendeine kulturelle Entwicklung und mithin auch wirtschaftliche Entwicklung präzise vorhersagen, schon deshalb nicht, weil das klassische Gesetz gilt, dass diese Vorhersagen ihrerseits auf die Zukunft, die sie beschäftigt, einwirken. Das wissen wir aus den Studien der Spezialisten, die ein Forscherleben lang theoretisch und praktisch auf mathematischer Grundlage Erfahrungen mit Zukünften gesammelt haben: Prognosen haben Grenzen. Diese Grenzen sind errechenbar, wenn man die richtigen Fragen stellt. Aus diesen Fragen entstehen dann jenseits des Mainstreams der vordergründigen Interpretationen Ideen für einen innovativen Umgang mit Herausforderungen.Fragen an den Autor

FA1. Wir haben die fehlenden öffnenden Anführungszeichen vor „Ich bin der Meinung, dass Herr Precht sehr…" eingefügt. Bitte überprüfen.

Methodologisches Intermezzo 3: Folgeabschätzungen, ausgerechnet

7.1 Alternde Gesellschaft ohne Greise

In den wissenschaftlichen Studien über die *Sozialstruktur der Bundesrepublik Deutschland* wird ziemlich präzis berechnet, wie viele Menschen welchen Alters unter bestimmten Bedingungen im Deutschland des Jahres 2020, 2030 oder auch 2050 leben werden. Dazu bedarf es ganz einfach nur dreier (!) Variablen wie *Geburtenrate, Sterblichkeitsziffer, Wanderungs-Saldo*. Diese drei Faktoren werden mit jeweils drei unterschiedlichen Entwicklungsdynamiken gekreuzt (also *sinkende, gleichbleibende* oder *steigende* Tendenzen). Die Sache wird allerdings etwas komplexer, wenn man konkrete Prozentsätze der Tendenzen mit einer bestimmten wahrscheinlichen Größe ansetzt. Man kann sich das veranschaulichen, wenn man eine grafische Übersicht schafft, die alle Faktoren dieser Gleichung erfasst: die Prozentwerte von Veränderungen auf einer siebenstelligen Skala, jeweils bezogen auf die Entwicklung der einzelnen Variablen *Geburtenrate, Wanderungs-Saldo* und *Sterbealter*. Da wären mehrere Tausend Möglichkeiten gegeben. Das ist natürlich jetzt künstlich kompliziert, es reicht eigentlich, mit zwölf Szenarien zu rechnen, wie das Statistische Bundesamt es tut. Wir müssen aber auch sehen, dass die Realität sich nicht nach vorgegebenen Kategorien richtet. Diese Bemerkung ist insofern wichtig, als schon eine winzige Abweichung von weniger als einem Prozent eine zunächst unmerkliche oder für unwichtig gehaltene Richtungsänderung einleiten kann, die nach einer gewissen Zeit unumkehrbar wird. Der Entwicklungspfad der Automobilisierung der Bundesrepublik nach dem Zweiten Weltkrieg zeigt eine solche Dynamik. Millionen individuelle Entscheidungen führten zu einer steten Verdichtung, die aber erst sichtbar wurde, als sie unumkehrbar war.

Aber auch, was die Demografie betrifft, kann jederzeit etwas geschehen, das die Berechnungen von heute leicht bis mittelschwer revidiert – etwa durch die Folgen der Staatsschuldenkrise in den südlichen Ländern des Euro-Raums und die steigende Tendenz der Zuwanderung junger Menschen nach Deutschland.

H. Rust, *Fauler Zahlenzauber*,
DOI 10.1007/978-3-658-02517-5_7, © Springer Fachmedien Wiesbaden 2014

Wie es 2013 geschah.

Welche Folgen hat das?

Solche Relativierungen sind dann jeweils einzubeziehen. Und genau darin liegt die *Kraft* der Statistik, darin ist auch ihre *Eleganz* begründet: dass die Modelle offen für Revisionen sind, dass sie gerade deshalb modifiziert werden können, *weil* ihre Voraussetzungen und Vorgehensweisen bekannt sind; weil sie *kommunikative Konstrukte* sind, plausible Erzählungen über die Wirklichkeit. Und: dass sie keine Erzählmuster zum Ausgangspunkt ihrer Berechnungen erheben, geschäftstüchtig Bedrohungskulissen errichten und Lösungsmodelle offerieren.

Zurück zur prognostischen Demografie: Die Zahlen liegen auf dem Tisch, differenziert in zwölf Szenarien, vom Statistischen Bundesamt durchgerechnet.

Bleibt aber die Frage: Was ist das eigentlich: „das" Alter? Ist es wirklich durch eine Zahl, also die Menge der in einem bestimmten Zeitraum geborenen Kinder, identifizierbar?

Wer sind also die, die heute und morgen mit diesem Attribut bezeichnet werden könnten? Was liest man so darüber?

Das Alter als Chance!

Das Alter als Bedrohung der jungen Generation, weil sie die Ressourcen verfrühstückt!

Oder ist es umgekehrt? Nutzt diese nächste Generation die Alten aus, weil sie ihnen ans Geld geht, auf raffinierte Weise natürlich, durch Konsum?

Jede Schlagzeile ist denkbar. So wie jede Statistik, die die jeweilige Schlagzeile begründet.

Auf der einen Seite (der Seite der Marketingtechniker und ihrer optimismusseligen Zulieferer) ist es eine Art Eldorado, das goldene Terrain des ambitionierten späten Konsums eines in den letzten 60 bis 70 Jahren reich und in diesem Reichtum anspruchsvoll gewordenen Mentalitätsmilieus. Entsprechend exotisch sind die Etikettierungen der Alten, denen man ans Geld will. Und so bevölkern nun *Silver-Consumer*, *Master-Consumer*, *Tiger-Ladies* und *Sex-Gourmets*, die *Well Off Older People* (Wollies), die *Selpies* (Second Life People), oder die Mitglieder jene Gruppe, zu der ich gern gehören würde: die *Grampies* – die Grown up Retired Active Moneyed People in an Excellent State.

Diese Etiketten bieten eine Wunschidentität, und das Wunsch*bild* gleich dazu. Ich verweise auf die Bilder im Netz.

Das Gesicht: immer noch jugendlich irgendwie.

Das Gewicht: immer noch so, dass es modische Attitüden zulässt, wechselnde Schnitte, Farben, Kombinationen. Beworben durch sichtlich jüngere Models, denen man die Haare mit *Power-Grau* gefärbt hat, jener spät-dynamischen Farbgebung. Die Faszination dieser Modelle des Alters ist auch für jungen Menschen groß, wie sich im *Methodologischen Intermezzo 5* („Big Picture Research") sehr ausführlich zeigen wird. Es wäre sogar denkbar, dass diese Bilder eine integrative Kraft besitzen, Mentalitätsmilieus einander näherbringen, die das Kriterium des Alters gar nicht mehr kennen und mithin in eine ganz andere Zukunft weisen. Reisende Alte, sportliche Alte, versorgt durch eine Medizin, die sie mobil hält, sozial integriert aufgrund ihrer Interessen oder ästhetischen Vorlieben, nicht aufgrund der biologischen Uhrzeiten. So lange es geht.

Genau das: *So lange es geht.*

Und dann?

Das Wort „Alter" wird tunlichst vermieden, um eine andere Assoziation zu vermeiden: die des allmählichen und dann sich immer drastischer abzeichnenden Verfalls aller Beigaben des erfüllten Lebens, die man gewohnt war: Kraft, Mobilität, Sexualität, soziale Integration. Es ist das Alter noch jenseits der Treppenlifte. Es ist das Alter der *Kranken-* und *Pflegestatistiken.*

Dieser Megatrend wird in den bunten Broschüren der Marketing-Mathematiker kaum identifiziert, auch der angemessene Begriff (und seine Subjekte) sind aus dem öffentlichen Sprachschatz verdammt: *Wir* werden *Greisinnen* und *Greise* sein, und das nicht zu knapp. Hier nun entsteht die dissoziative Äquivalenz zur Geschichte, die in den Blogs erzählt wird. Und das „gefällt gar nicht". Aber es ist ein statistisch zu erhärtender Tatbestand. Denn nun kommt die Generation der *Baby Boomer,* wie man so schön sagt: „ins Alter". Es ist die Generation, aus der sich einst die *Yuppies* etablierten, die Helden des Hedonismus. Diese Tatsache stellt Herausforderungen an die Gesellschaft, und die bestehen keineswegs nur aus altersgerechtem Konsumangebot, wie sich ganz einfach ausrechnen lässt und zwar aus zwei Daten: aus dem Anteil der *sehr alten* Menschen und der Dynamik der Zunahme von *Beschwerden* in einem bestimmten Alter. Relativiert wird die Zahl dann durch die fortschreitenden Möglichkeiten der Medizin, so dass also eine Gleichung mit drei Parametern vorliegt. Als deren Ergebnis entsteht so die Belastung, die eine bestimmte Altersgruppe für sich selbst zu tragen hat. Zum Beispiel Demenz: Viele *Yuppies* werden sich also nicht mehr an die Zeit erinnern, als sie so genannt wurden.

Was bedeutet das?

Wir müssen die Zahlen in ihren unterschiedlichen Kontexten durchdeklinieren: Mobilität, Reisen, Essen, Trinken oder *Wohnen* zum Beispiel, ein weiteres Problem, auf das sich viele Kommunen einrichten müssen: die Konzentration dieser Baby Boomer in den vergangenen Jahrzehnten auf bestimmte Wohnbiotope. Es werden also, wenn die altersbedingten Beschwerden sich häufen, die Mobilität eingeschränkt ist, wenn auch höhere Kosten für die greisengerechte Infrastruktur anfallen, in den großen Altbau-Appartements in Hamburg Eppendorf oder in den

Dachgeschossausbauten im Ersten Wiener Gemeindebezirk, in Münchens Schwabing, den citynahen Edel-Quartieren oder den bunten Kiezen Berlins altersgerechte Umbauten stattfinden müssen. Was also wird gebraucht neben den Verjüngungsprodukten, den Mode-Variationen, den Autoklassikern, die man sich in der Jugend nicht leisten konnte?

Und ist das, was da noch gebraucht wird, zu finanzieren?

In staatlicher Vorsorge? Da wachsen die Zweifel, berechtigt und berechnet.

Aber aus welchem Fundus sonst?

Über Aktien? Was nun wieder Fragen nach der Zukunft der unternehmerischen Wirtschaftskraft aufwirft.

Individuell durch Immobilien zum Beispiel? Gold? Kunst? Oldtimer? Uhren und Schmuck?

Aber bei jeder Anlageform stellt sich die Frage, was geschieht, wenn ein großer Teil dieser Gesellschaft im Alter die geldwerten *Äquivalente* zu *echtem* Geld machen will.

Vielleicht werden Immobilien, die heute, in den Jahren niedriger Kreditzinsen und hoher Renditeerwartungen als *Altersvorsorge* und *Geldanlage* angeschafft wurden, vermietet oder verkauft werden müssen. Dazu ist es wichtig, die Altersstrukturen und die möglichen Bedürfnisse der Käufer von morgen zu kennen. Die könnten ja ganz andere Prioritäten haben als die Dachgeschoss- und Loft-Architektur der heutigen Creative Class-Soziotope. Was wäre, wenn diese Schwemme gleichartige Angebote nicht mehr auf einen Markt trifft?

Vielleicht geht ja auch alles glatt.

Aber die *Frage* muss gestellt werden, *ob* es so kommen kann und was das dann volkswirtschaftlich bedeutet. Und *wie* es kommen könnte: Denn auch die Frage, welche *Moden* wen zu welchen Investitionen treiben werden, ist von Belang für die Frage der Finanzierung des Alters aus jenen Vorsorgeentscheidungen, die in einer bestimmten Marktideologie getroffen wurden. Der Trend zur Urbanisierung könnte sich abschwächen, gar umkehren und einer zahlenmäßig noch nicht abzuschätzenden Tendenz in den USA folgen, wo sich jüngere Leute mit eher ungebundenen Berufen in den Einhundert-Meilen-Gürteln um die Mega-Citys in bislang vernachlässigten kleineren Gemeinden sammeln und die nach dem Muster ihrer bevorzugten Lebensgestaltungen umbauen. Noch sind das nicht *sehr*, doch immerhin *bemerkenswert* viele. Und jede Kaskade, die wirtschaftliche Realitäten dramatisch verändert hat, ist aus fast unbemerkten kleinen Anfängen entstanden, denen kaum jemand Beachtung geschenkt hat – aus jener Ein-Prozent-Abweichung, die kaum sichtbar war, sich aber exponentiell auswuchs. Daher ist nicht einmal sicher, dass die hier gesammelten Beispiele überhaupt irgendeine Bedeutung haben. Aber es ist eben auch nicht gesichert, ob sie nicht wichtige schwache Signale darstellten. Nichts ist gesichert.

7.2   Viagra und Versicherungsmathematik

Das ist das Schöne und Aufregende am Leben, aber niemand will schön und aufregend leben, wenn es nicht berechenbar ist. Man will so bleiben, wie man ist. Verständlich. Daher zündete das Geschäftsmodell mit der Verlängerung der sexuellen Aktivphase so heftig. Nun also gibt es Medikamente, die sexuelle Verjüngung ermöglichen, *Viagra* zum Beispiel.

Ein Problem ist damit erst mal gelöst.

Ein anderes könnte entstehen, beziehungsweise *ist* bereits entstanden und mit einem griffigen Slogan etikettiert: das auf den ersten Blick reichlich exotisch anmutende Problem der so genannten *Viagra-Witwen*.

Der Begriff stammt offenbar aus Berechnungen brasilianischer Sozialversicherer, die eine etwas abseitige Frage stellten: Welche Konsequenzen hat die Tatsache, dass 64 % der geschiedenen über 50-jährigen Brasilianer beim zweiten Ehe-Anlauf weitaus jüngere Frauen heiraten. Bei den 60- bis 64-Jährigen ist diese Tendenz noch ausgeprägter, da sind es 69 Prozent. Nun ist die Frage nach dem Intimleben kulturell vielleicht ein wenig verpönt, aber die Antwort ist statistisch längst gegeben: der Erfolg von *Viagra* und entsprechenden anderen Medikamenten. Das Leben kann also wie gewohnt weitergehen. *Viagra* ist zudem in Brasilien preiswert – umgerechnet 40 € für vier Tabletten, zwar auch nicht rezeptfrei, aber offensichtlich leichter zugänglich als in Deutschland, wo (zumindest auf dem offiziellen Markt) eine medizinische Indikation vorliegen muss. So ist es nicht verwunderlich, dass Pfizer ein Viertel seines dortigen Gesamtumsatzes mit der Potenzpille in Brasilien erwirtschaftet, berichtet *IMS Health*.

Das alles wäre ja noch kein Problem, im Gegenteil.

Das entsteht erst, so ist zumindest weltweit zu lesen, durch die Kautelen der Sozialversicherung, die Witwen ein lebenslanges Auskommen fast in der Höhe des letzten Gehaltes ihres Mannes garantiert. Die Kosten sind berechnet, allerdings für eine traditionelle Ehe-Statistik, in der die Frauen ihre Männer um knapp 15 Jahre überleben. Doch nun steigt naturgemäß der Anteil der jüngeren Witwen, die ihre Männer um mehr als 30 Jahre überleben, rapide. Das Problem ist offensichtlich und war lange vor der Erfindung von Viagra bereits bekannt, es ist durch die Potenz-Pille nur virulent geworden: Das Versicherungssystem werde die noch einmal beträchtliche Steigerung eines Trends wegen des kontinuierlichen Anstiegs der Zahl anspruchsberechtigter junger Witwen nicht verkraften.

Die Studie selbst ist im Internet nicht publiziert, auch wenn der Autor, Paolo Tafner, deutliche Reformen der Sozialversicherung anmahnt. Es ist also hier, wie bei vielen Geschichten, der Vorbehalt einer Informationsblase angebracht, zumal offensichtlich wieder im Wesentlichen und das weltweit nur eine Quelle (*AFP global edition*) zitiert wird. Zudem ist die Prüfung der These von der Inflation der Viagra-Witwen etwas schwieriger, zumal die Statistik als *Hauptnutzer* von Viagra Männer bis 30 Jahre ausweist, allerdings, was die Relativierung wieder schwächt, vor allem aus Gründen des sexuellen Renommees und weniger zur Familiengründung. So bleibt die Hypothese des *Instituto Nacional do Seguro Social* (INSS) plausibel, kann also hier zumindest der Hinweis auf eine bislang unterschätzte Folge eines an sich begrüßenswerten Phänomens ernst genommen werden – es steht immerhin in einem viel größeren Zusammenhang. Diesen größeren Kontext in den Blick zu nehmen, erfordert nun Spekulationen über *denkbare* Folgen.

Könnte es zu sozialen Verteilungskämpfen kommen, wenn ein zunehmender Anteil der jüngeren Frauen für Eheschließungen mit jüngeren Männern nicht mehr zur Verfügung steht? Derartige Diskussionen sind zwar gegenwärtig noch tabuisiert, aber die Probleme wachsen zusätzlich mit dem soziodemografischen Wandel sinkender Geburtenraten – weltweit, entweder durch individuelle Entscheidungen, keine Kinder zu bekommen, oder durch politische Entscheidungen, die Zahl der Kinder pro Familie zu begrenzen wie in der Volksrepublik China.

Denn was geschieht?

Ein Phänomen ist auf den Straßen, in den Zügen und den Restaurants bereits praktisch sichtbar: eine mitunter ins Groteske gesteigerte Zuneigung zum einzigen Kind und der damit mutmaßlich einhergehenden Entwicklung eines egoistischen Sozialcharakters der heute schon so genannten „kleinen Mandarine". Mütter, Großmütter, Tanten, aber auch die männlichen Verwandten sind unentwegt damit beschäftigt, „ihrem" Nachwuchs jeden Wunsch zu erfüllen, bevor er überhaupt geäußert wird. Das sind unberechenbare Spekulationen, die allerdings Pädagogen und Sozialpsychologen deshalb nicht weniger beschäftigen. Berechenbar ist aber eine weitere Konsequenz, zumindest in den Städten, wo diese Ein-Kind-Politik rigider durchgesetzt wird als auf dem Land (wenngleich auch in den Städten bereits Ausnahmeregelungen zur Norm werden). Neben den klassischen sozialdemografischen Spätfolgen geburtenschwacher Jahrgänge ergibt sich eine disproportionale Geschlechterverteilung. Schon vor 30 Jahren wurden in China mehr männliche Kinder geboren als weibliche: Auf 100 Mädchen kamen 109 Jungs. Bis 2009 stieg dieses Verhältnis auf 100 zu 120. Die Zahl der Abtreibungen weiblicher Embryos ist weit höher als die der männlichen, da offensichtlich der Kinderwunsch (fast weltweit) einer bestimmten *kulturellen Logik* folgt. Das erste Kind, so hat die amerikanische Psychologin Diane F. Halpern auf der Grundlage einschlägiger ethnografischer Beobachtungen ermittelt, soll in den meisten Kulturen *männlich*, das zweite ein *Mädchen*, das dritte wiederum ein *Junge* sein. Nun will es die Natur häufig anders, und im Zuge des weltweit wachsenden Bewusstseins für Genderfragen und damit auch für die Rechte von Mädchen respektive Frauen könnte das Problem langfristig gelöst werden.

7.3 Das Geschlecht der Kinder

Was aber, so fragt Diane Halpern, wenn die Medizin eingreift und Ehepaaren mit Kinderwunsch ein Mittel an die Hand gäbe, das Geschlecht des Kindes vor der Zeugung zu bestimmen? Es wäre eine auf den ersten Blick durchaus begrüßenswerte ethische Initiative – vor allem aber ein *Riesengeschäft*. Und es wäre die sichere Erfüllung alter Träume, wie sie schon von archaischen Kräuterfrauen versprochen wurde. Heute, schreibt Halpern, könnte eine Weiterentwicklung der *Preimplanted Genetic Diagnosis* (PGD) als Grundlage dienen. Und doch – Halpern hält diese Idee für sozialpolitisch außerordentlich gefährlich. Zumindest solange die alten kulturellen Vorstellungen gelten, in China wie in Indien, aber auch in westlichen Gesellschaften, wo sie sich eher andeutungsweise bemerkbar machen. So ist etwa in den USA die Chance, dass eine Familie drei Kinder hat, weit größer, wenn die beiden Erstgeborenen Töchter sind. Geschiedene Frauen mit Söhnen finden zudem schneller einen neuen Ehemann als ihre Artgenossinnen mit Töchtern. Es würde also mit ziemlich großer Wahrscheinlichkeit eine Welt entstehen, in der es einen deutlichen Überhang an Männern gebe.

Aber damit sind die Probleme noch nicht gänzlich benannt: Denn derartige medizinische Mittel werden zunächst einmal *teuer* sein, das heißt also den *reicheren* Ländern eher zur Verfügung stehen als ärmeren. Und schließlich, um eine keineswegs abwegige Idee zu ergänzen, es werden also tendenziell eher reiche männlich dominierte Gesellschaften entstehen. Was wäre, wenn zusätzlich das Design eines Kindes vor der Zeugung entworfen werden könnte, also Haarfarbe, Größe, Körperart, ja sogar, wie Halpern fragt, Intelligenz? Das klingt gefährlich.

Aber ist es das auch?

Weit gefährlicher könnte aus der Sicht Halperns etwas ganz anderes sein, nämlich die politische Bevormundung: „Perhaps the only ideas more dangerous that of choosing the sex of one's child would be trying to stop medical science from making advances that allow such choices or allowing the government to control the choices we can make as citizens." Alles nachzulesen in einem Statement zur „Question of the Year" des renommierten Online-Netzwerks *edge.org* 2006. Die Frage lautete: „What is your dangerous idea?"

http://www.edge.org/response-detail/11212.

Damit verliert sich das Thema der soziokulturell bestimmten Soziodemographie in einem statistischen und gleichzeitig kulturellen Dschungel, in dem sehr anschaulich die dickichtartige *Interdependenz von quantitativen und qualitativen Faktoren* zu beobachten ist, die unseren globalen Alltag prägen. Faktoren, die höchst privater, ja intimer Natur sind, und sich doch (und gerade wegen der Vielzahl unkalkulierbarer individueller Entscheidungen) zu großen politischen, gesellschaftlichen oder wirtschaftlichen Problemen auswachsen können.

Die brasilianische Sozialversicherung hat im Übrigen reagiert und die Gesetzeslage angepasst. Voraussetzung war, die kulturelle Erzählung zu begreifen und nach den Konsequenzen des in dieser Erzählung erfassten Verhaltens zu fragen. Die Frage ist natürlich, welche Konsequenzen nun *diese* politische Entscheidung hat. Aber das wäre nun zu viel des Guten. Dennoch lässt sich festhalten, dass die fortwährende Nachfrage, die Anwendung der Ergebnisse eines Rechenvorgangs immer wieder zurückführt in die Geschichte und ihre Fortsetzung und somit neue Rechenvorgänge provoziert, Nachfragen, die sich nicht mehr wie in den Beispielen über Best Practice, Testosteron-Junkies an den Börsen, Rankings, das Alter und die demografische Zukunft an bestimmten Mustern orientieren; die sich auch nicht auf die Kopfgeburten selbst ernannter Experten zurückziehen, die Trends und pauschale Einsichten verbreiten. Sie nehmen sich die Zeit, die es braucht, um Konsequenzen zu erkennen. Sie denken über die Konsequenzen der Konsequenzen nach, die unsere heutigen Zukunftsentwürfe zeitigen werden. Sie denken über die Welt nach, die die Welt der Kinder unserer Kinder sein wird.

Im schwarzen Loch der Zukunft: Unvorhersagbarkeit als Herausforderung

► Eine Frage aus der Einleitung wird aufgenommen: Warum ist der Zahlenzauber so verführerisch? Wo doch gerade der Umgang mit Mathematik und Statistik unmissverständlich nahelegt, dass es Grenzen der Berechenbarkeit gibt. Was nicht heißt, dass die Welt eine in Irrsinn und Zufall dahin taumelnde Anarchie sei. Auch wenn Mathematiker vom Chaos sprechen, ist damit – pragmatisch – zunächst einmal nur gesagt, dass für das Alltagshandeln nicht durchschaubar ist, aus welchen Bündeln von Bedingungen sich Trends, Moden, Bedürfnisse, wirtschaftliche Chancen und Katastrophen entwickeln. Daraus ergibt sich, dass das Faszinierende an der Welt der Wirtschaft ihre Komplexität ist. Es sind eben einfach Abermillionen individuelle Einflüsse, die in wechselseitiger Wahrnehmung, Imitation, Reaktion und Beeinflussung jederzeit völlig unerwartete Konstellationen erzeugen können. Man nennt das Random Copying. Der Trick, diesen Prozess des Random Copying mit einer opportunen Bedeutung anzureichern, ist simpel: die fassbaren Zahlen werden zur Währung erhoben, so als gäbe es jenseits dieser Zahlen und Modell keine einflussreichen Elemente für die in Frage stehenden Entscheidungen. Etwa in der global verbreiteten Währung der online verliehenen „Gefällt mir"-Bekundungen als Ranking von Sympathie. Oder die Idee, dass man der Datenfülle im Netz durch algorithmische Operationen den Sinn schon abringen werde. Das Methodologische Intermezzo 4 beschäftigt sich daher mit dieser für die Erfassung von undurchschaubaren Routinen genialen Idee, stellt aber anhand von Beispielen in Zweifel, dass sie sich auf die Entwicklung von Geschmackskulturen übertragen lässt.

H. Rust, *Fauler Zahlenzauber*,
DOI 10.1007/978-3-658-02517-5_8, © Springer Fachmedien Wiesbaden 2014

8.1 Schwarze Schwäne statt schwarzer Schafe

Seit etwa zwei Jahrzehnten macht immer wieder einmal das eine oder andere Buch auf diese Tatsache aufmerksam, manche geraten sogar auf die Bestsellerlisten und zeigen, dass das Problem als faszinierend erkannt wird. Gegenwärtig ist es das Buch „Risiko" von Gert Gigerenzer, einem der führenden deutschen Risikoforscher. Der Psychologe nimmt ein Motiv auf, das seinen publizistischen Höhepunkt mit der Publikation von Talebs „Black Swan" erlebte. Dass dieses Buch bereits 2007 erschienen ist, nahm man nach der Krise nicht so recht wahr: Man las es eher als einen Kommentar zu dem, was geschehen war. Aber es war eine mathematisch fundierte Analyse aus dem Geist einer auf die Finanzindustrie fokussierten Komplexitätstheorie. Taleb hatte aber schon lange vorher genau diese Fehleinschätzungen ins Visier genommen, so beispielsweise 2001 unter dem Titel *„Narren des Zufalls: Die verborgene Rolle des Glücks an den Finanzmärkten und im Rest des Lebens".* Oder in seinem Essay *„Learning to expect the Unexpected"* 2006.

> http://www.edge.org/3rd_culture/taleb04/taleb_index.html

In diesem Essay liest man zum ersten Mal das auch von Gigerenzer bemühte Beispiel vom Truthahn, der aus der Regelmäßigkeit der Fütterungen das Vertrauen in die Menschen entwickelt, die ihn mit diesen Fütterungen zu einem Leckerbissen aufpäppeln. Wörtlich: „My classical metaphor: A Turkey is fed for a 1000 days – every days confirms to its statistical department that the human race cares about its welfare ‚with increased statistical significance'. On the 1001st day, the turkey has a surprise."

Ähnliche Argumente legte schon vor geraumer Zeit der Harvard-Psychologe Daniel Gilbert vor, der ebenfalls bereits 2006 ein Buch über die Aussichtslosigkeit der Vorhersagen im privaten Leben veröffentlichte: „Stumbling on Happiness" hieß sein Buch, auf Deutsch „Ins Glück stolpern". Ich zitiere hier mit Bedacht aus Wikipedia, trotz der Mahnung an alle Studierenden, Wikipedia nicht ohne Double-Check als autoritative Quelle zu nutzen. Der zitierte Hinweis zeigt nämlich, wie verbreitet die Ideen schon waren, bevor sie nun vor dem Hintergrund der sich zuspitzenden Krise erneut zu Bestsellern aufgearbeitet werden. „Gilbert beschreibt in diesem Buch persönliche Vorhersagen und Erwartungen in Bezug auf Glück, die durch Fehler der Wahrnehmung und kognitive Verzerrungen so stark an Genauigkeit verlieren, dass Menschen häufig falsche Entscheidungen treffen."

Die zentrale Aussage ist aber in einem weiteren Internet-Essay versteckt und beschäftigt sich mit den Tücken der *wunschorientierten Prognose,* also mit der Lust, das Wünschenswert oder das Befürchtete einer differenzierten Skepsis vorzuziehen und entsprechende Hinweise (Erzählmuster) überzubewerten, wie es etwa bei den Trendforschern Usus ist. „Affective Forecasting" nennt Gilbert diese Tendenz. Es geht um den erheblichen Unterschied zwischen Glücks- oder Trauer*erwartungen* angesichts bestimmter Ereignisse und den nach diesen Ereignissen tatsächlich empfundenen Glücks- und Trauer*zuständen*. Die Forschung ist insofern von Bedeutung, als derzeit alle möglichen Bücher über die vorgebliche „Glücksforschung" auf dem Markt sind und entweder den Eindruck einer Art strategischen Glücks-Managements vermitteln oder sich in Rankings über glückliche Städte und Länder verbreiten.

Die Ergebnisse sind zweifelhaft. Die Erwartungen, die im Moment einer Umfrage formuliert werden, bestätigen sich in der Regel nicht. Das Glück nach einem Gewinn wird als weniger groß empfunden als erwartet, die Trauer als weniger heftig. Jedenfalls nach einer erstaunlich kurzen Zeit. Ich erinnere an die Lottogeschichte mit den enttäuschenden 29.000 €.

Wie kommt man auf solche Ergebnisse?

Durch fantasievolle Forschung und ihre Fragen, also nicht die durchaus aus persönlicher und ökonomischer Sicht *legitime* Frage: Was *verkauft* sich am besten und wie kann ich am Boom des Verkäuflichen gewinnträchtig partizipieren? Sondern die Frage: Was ist *wirklich wichtig*? So kommt man dann auch auf die einfachen Methoden, mit deren Hilfe sich komplexe Sachverhalte offenbaren lassen. Gilbert zeigt es: „We ask people to predict how they will feel minutes, days, weeks, months, or even years after some future event occurs, and then we measure how they actually do feel after that event occurs. If the two numbers differ systematically, then we have one of those interesting and unusual systematic errors I mentioned."

Allerdings kostet eine solche Methode Zeit und Geld – und das, obwohl hier nur triviale, alltägliche Ereignisse untersucht werden, wie Gilbert am 31. Dezember 2004 auf der Plattform *edge org.* betont: „We aren't asking people to tell us how they'll feel after a Martian invasion. Most voters have voted and won before, most lovers have loved and lost before. For the most part, the events we study are events that people have experienced many times in their lives – events about which they should be quite expert – which makes their inaccuracy all the more curious and all the more interesting."

Eine weitere Auseinandersetzung mit den Grenzen der statistisch erhärteten Prognose finden wir bei Charles Seife, Professor für Journalismus an der New York University, Autor des von „Proofiness: The Dark Arts of Mathematical Deception". Das Buch erschien 2010 und beschreibt vor allem die – wie Seife sich ausdrückt – Abneigung, ja *Revolte* des menschlichen Gehirns gegen jede Art von Zufall. Das menschliche Denken unterliegt, folgt man der Argumentation weiter, einer Art Software der quasi katalogisierten Mustererkennung – im Prinzip nichts anderes als ein Überlebensprinzip der prognostischen Deutung von Gefahren. Schwefelgelb und schwarz gefärbter Himmel über bleierner See? Besser nächste Insel ansteuern und dabei nicht unter hohen Bäumen lagern. Tückisches Grinsen auf dem zufriedenen Gesicht eines Kontrahenten? Besser das Geschäft nicht abschließen.

Probleme entstehen beim Angebot überkomplexer Informationen, aus denen nun jede Menge Muster herausgelesen werden können. So wie manche in den Rauchschwaden der zerstörten Türme des World Trade Centers nach dem Anschlag vom 11. September 2001 wie in einem Reality-Rorschach-Test ein Teufelsgesicht erkannten, weil sie eines erkennen wollten. Das Beispiel stammt nicht aus dem Buch von Seife, passt aber ausgezeichnet zu seiner Schlussfolgerung: „Our minds automatically try to place data in a framework that allows us to make sense of our observations and use them to understand events and predict them."

Seife leitet aus solchen Beobachtungen drei Gesetze ab, die sich in den vorangehenden Passagen schon andeuteten.

Erstens: Aus der Sicht menschlicher Erlebens-Welten gibt es *Zufälle*, für die zwar eine chaostheoretische Ableitung der wechselseitigen Einflüsse unzählbarer Elemente denkbar ist. Im praktischen Alltags- und Berufsleben aber ist es eben aufgrund der Komplexität unmöglich, zukünftige Entwicklungen vorherzusagen. Was also an Unerwartetem geschieht, wird unter diesem Begriff zusammengefasst.

Zweitens: Manche Ereignisse sind nicht prognostizierbar und auch nicht in ihrer Entstehungsgeschichte rekonstruierbar. In meinem Buch über die Frage, ob Strategie, Genie oder Zufall die wesentliche Rolle den Erfolg vieler deutscher KMU begründen, findet sich die beeindruckende geschichtsphilosophische Ableitung aus „Krieg und Frieden", in der Tolstoi die Unmöglichkeit nachweist, die Genese des napoleonischen Einmarsches in Russland nachzuzeichnen. Er strandet – illustrativ und gewollt – in dem, was die Soziologie 100 Jahre später als das Prinzip des „infiniten Regresses" diskutierte, also des unaufhörlichen Versuchs, Ursachen für ein Ereignis zu finden.

Drittens und vor dem Hintergrund der beiden vorangehende Gesetze zunächst überraschend: Der Zufall ist *individuell* nicht vorherzusagen, in seiner Struktur schon. Niemand kann bei einem Würfelspiel des oben beschriebenen Almanachs oder an der Theke vorhersagen, welche Zahl zwischen 1 und 6 der nächste Wurf bringt. Alles erscheint zufällig, aber nur deshalb, weil man eben nicht lange genug würfelt (wenngleich manche Partner und Partnerinnen da anderer Meinung sind). Denn die Chance für jede Zahl auf dem Würfel ist bei jedem Wurf 16,6 %. Auf lange Sicht wird sich also dieser Wert durchsetzen.

Diese Einsicht ist allerdings für jemanden, der in geselligem Spiel ein oder zwei Theaterstücke zusammenwürfelt oder ein paar Runden an der Theke knobelt, völlig unerheblich. Sie wird erst interessant, wenn er wochen- oder monatelang würfelt. Was dann aber zu ähnlich ernüchternden Ergebnissen führen kann. Ich hatte die Freude, in den Jahren, die ich in Wien verbrachte, den einen oder anderen Abend im innerstädtischen Stammlokal mit dem ortsüblichen Kartenspiel „Bauernschnapsen" zu verbringen. Es ist ein Spiel mit 20 Karten, einfachen, aber ausreichend differenzierten Regeln, um ungezählte Variationen in Spielerkonstellationen von zwei, drei oder vier Personen zuzulassen. Die Vierer-Variante mit überkreuz spielenden Zweierpartnerschaften stellte für mich die fröhlichste Variation dar, die Dreier-Kombination mit je nach Spielverlauf wechselnden gegnerischen Konstellationen die interessanteste.

In dieser Runde von relativ gleich gewitzten Spielern gab es einen Partner, der mehr als 20 Jahre seine individuell als große Glücksmomente oder schwere Niederlagen erlebten Gewinne und Verluste notiert hatte. Auf die Frage, was dabei herausgekommen sei, konnte er keine Antwort geben. Er hatte den Durchschnitt nie berechnet, tat es aber dann – zunächst noch gut gelaunt, da er sich aufgrund der Erinnerung an viele spektakuläre Coups durchaus für einen wirklichen guten Spieler hielt. Das Ergebnis war dennoch niederschmetternd: Die Bilanz betrug nach mehr als zwei Jahrzehnten in der damaligen Währung um die 12 Schilling. Also knapp einen Euro. Gewinn. Immerhin. Welche Depressionen hätten sich erst eigestellt, wenn es 12 Schilling Verlust gewesen wären? Das wäre ein schönes Beispiel für ein Management-Planspiel auf dem Computer.

8.2 Systemspieler im Casino des Chaos

Auf den Ernstfall des Wirtschaftslebens bezogen wäre also die Frage zu stellen, wie lange ein Unternehmen seine Performance überprüfen müsste, um eindeutig feststellen zu können, ob die Komponenten seiner Strategie erfolgreich sind oder nicht, und welche Rolle die Zufälle (beziehungsweise – noch – nicht berechenbare Parameter) spielen. Um mit Seife zu sprechen: Was als eine Art Gesetzmäßigkeit erscheint, kann Zufall gewesen sein, den man nur strukturell so aufbereitet, dass er eine Logik erkennen lässt, obwohl sie nicht stimmt. Was aber umgekehrt wiederum im Widerspruch mit der Einsicht steht, dass es theoretisch keinen Zufall gibt, sondern nur Grenzen der Berechenbarkeit. Selbst in den wildesten Turbulenzen sind die Entwicklungen in irgendeiner undurchschaubaren Weise determiniert. Nur sind wir nicht in der Lage, mit den Bordmitteln der Statistik und der Mathematik diesen Determinismus zu entschlüsseln. Gehandelt werden muss jetzt und hier und immer in Unkenntnis bestimmter Parameter. Die Entwicklung der Welt erscheint, obwohl sie *theoretisch* logisch ist, *praktisch* unvorhersehbar.

Diese Einsicht, hier etwas oberflächlich formuliert, verdanken wir also den Chaostheoretikern, maßgeblich dem jungen Mathematiker Mitchell Feigenbaum.

In einer Nacht des Jahres 1974, man weiß nicht genau, welche es war, hockte Feigenbaum im Institut für Theoretische Physik in Los Alamos, wo Peter Carruthers ihn eingestellt hatte, vor seinem Rechner. Vor ihm, auf dem Bildschirm: Gleichungen, die sich fort und fort bewegten, stetig von ihm gefüttert mit ihren eigenen Ergebnissen – und plötzlich in einer unkalkulierten Veränderung verendend. Was Feigenbaum sah, war, wie er es ausgedrückt hätte und Mathematiker es ausdrücken, der Verlust der Stabilität von einfachen periodischen Bewegungen, die in eine komplizierte chaotische Bewegung übergingen, weil unerwartet und aus unerklärlichem Grund eine unendliche Reihe periodenverdoppelnder Bifurkationen auftrat. Oder wie wir es ausdrücken würden: Plötzlich scheppert's im Karton und keiner blickt mehr durch.

Feigenbaum blickte durch.

Und das hatte einen Grund, den er in seiner Autobiografie auch beschreibt: Rechner waren zu der Zeit langsam, und Feigenbaums Maschine bewältigte die Informationsflut, die der Mathematiker ihr zumutete, nur ächzend Schritt für Schritt. Deshalb erkannte der Wissenschaftler eine geradezu magische Ordnung in den Turbulenzen, die er wenig später mit der irrationalen, das heißt in unzähligen Stellen hinter dem Komma fortlaufenden heute so genannten *Feigenbaum Number* oder auch *Konstante* bestimmen konnte: 4,669 … und so weiter. Erste Informationen finden Sie zum Beispiel unter:

http://everything2.com/title/Feigenbaum+number

Fortan faszinierte die Chaosforschung die Welt, auch die Wirtschaftswelt, deren Repräsentanten zumindest die drei beschriebenen Dinge erkannte.

Erstens: Jede Ordnung kann unangemeldet ins Chaos umschlagen.

Zweitens: Dieses Chaos hat zwar auch eine Ordnung, aber man durchschaut nicht welche.

Drittens: Wir wissen, dass sich dieses Chaos andeutet und die Folge einer SDIC darstellt – einer *Sensitive Dependence on Initial Conditions* – vulgo: Irgendwo passiert etwas, aber keiner weiß, warum, und keiner weiß, was es bewirkt.

Aus dieser letzten Einsicht nährt sich ein geradezu abergläubischer Fatalismus: Die missmutig so genannten *unerwarteten Herausforderungen*, die uns immer auf dem falschen Fuß erwischen, das *Scheppern im Karton* also, werden irgendwelchen unheimlichen Kräften zugeschrieben. Flügelschlag eines Schmetterlings, Pechsträhne, Erdstrahlen und so weiter. Aber es kommt nie einer auf die Idee und sagt zu sich selbst: Es war nicht der Schmetterling! Es waren nicht all diese mystischen Dinge. Eventuell warst sogar *du selbst* die Initial Condition. Du bist das Problem, das nun als Chaos seinen eigenen Urheber erreicht, weil es sich als Input in rasen-

der Geschwindigkeit ausbereitete und unkalkulierbare Outputs produzierte, weil
Du nicht gesehen hast, nicht sehen konntest, was passieren könnte, andere auch
nicht, aber trotzdem im Rahmen der üblichen wechselseitigen Imitationsprozesse
darauf reagierten und so fort, weil alle meinten, in den Handlungen der anderen
ein Muster zu erkennen, das auf ein bestimmtes Ziel hindeutete. Damit entstand
ein Phänomen, das Bulat Sanditov, Ökonom an der Maastricht University, als „Mutual Illusion" kennzeichnete. „We devised a model in which agents on the two sides
of the market are subject to informational cascades, and find that in an uncertain
environment with asymmetric information agents tend to be overoptimistic about
the state of the world, a result which fits with empirical evidence on financing
new technologies. This overoptimism based on mutual illusions makes the system
vulnerable to two-sided bubbles, and may be one of the reasons behind ‚dot com'
crash."

> http://www.merit.unu.edu/publications/phd/BSanditov.pdf

Sanditov bietet damit ein illustratives Beispiel für eine Kaskade, wie sie weiter oben
definiert wurde, als Ergebnis dieses geheimnisvollen Prozesses, der mit dem Begriff
des *Random Copyings* gekennzeichnet wird. Diese Dynamik hat die aktuelle Wirt-
schafts- und Sozialforschung zu einer Reihe von methodologischen Innovationen
inspiriert. Der wichtigste generelle Ansatz, der in vielfältigen projektabhängigen
Variationen ausgearbeitet wird, ist das Agent Based Modelling. ABM ist ein *heuris-
tischer* (also versuchsweise tastender und im Gespräch der an der Forschung beteiligten Personen allmählich an Plausibilität gewinnender) Ansatz, die Entwicklung
eines dynamischen Systems zu erfassen, das durch die Aktivitäten seiner individuellen Mitglieder entsteht und Logiken erzeugt, die niemanden vorher bekannt
und die nicht allein und nicht einmal in erster Linie durch mathematische Algorithmen gesteuert sind. Es geht also um Erfassung eines Systems ohne vorherige
Interpretationsansätze. Dazu braucht es neuerdings eben keine konkreten Räume
mehr (Foren im architektonischen Sinne), weil es eben virtuelle Möglichkeiten der
Kommunikation über alle räumlichen Grenzen hinweg gibt. In diesem Universum
entwickeln sich aus den individuellen Transaktionen inhaltliche Fokussierungen,
die irgendwann zu einer Art Stillstand kommen und eine neue oder modifizierte
Geschmackskultur bilden.

Nun ist es Zeit, diesen Prozess der wechselseitigen und immer weiter fortschreitenden Imitation einer unbestimmten Zahl von Individuen einmal praktisch zu
durchdenken. Wichtig ist, dass er ohne klares Bewusstsein derer abläuft, die ihn
durch die wechselseitige Imitation erzeugen. Die Kernthese des *Random Copyings*
besagt also, dass viele leicht beeinflussbare Menschen sich beeinflussen lassen,

aber in der Hauptsache nicht von manipulativen *Meinungsführern*, *Brand Advocates* oder anderen *Influentials*, nicht durch *Viral Marketing*, *Seeding* oder sonstige strategische Interventionen. Sie lassen sich im Wesentlichen von *ihresgleichen* beeinflussen. Die These also, dass es *Prominente* seien, Schauspieler, Fußballstars, Werbeträger und so weiter, wird in Zweifel gezogen: Die werden im Prozess dieses Random Coypings nicht als *Auslöser*, sondern als (im mathematischen Sinne) *Produkte* gesehen. Sie sind *Verkörperungen* eines lange unsichtbaren Prozesses. Das zu sehen ist schwierig, auch wenn die gegenwärtige Euphorie über die Big Data Research deutlichere Aufschlüsse über die Prozesse verspricht als die traditionelle Datenerfassung. Die Feigenbaum-Anekdote über den langsamen Rechner liefert allerdings einen anderen interessanten Ausgangspunkt: in aller Ruhe und distanziert zu beobachten, was sich abspielt; etwas zu finden, das man gar nicht gesucht hat, ermöglicht durch den *analogen* Blick auf die digitalen Prozesse. Im letzten Methodologischen Intermezzo wird dieses Motiv noch einmal aufgenommen.

8.3   Random Coyping, das Gigerl und die Innovation

Die Theorie der sich selbst erzeugenden Prozesse ist, wie in mehreren von mir betreuten Magister- und Diplomarbeiten zum Entstehungsprozess von Moden auch erstaunt festgehalten wurde, nicht neu. Sie nimmt den Kerngedanken des zur Wende vom 19. zum 20. Jahrhundert von George Herbert Mead in einer Vorlesung entwickelten Ansatzes des *Symbolischen Interaktionismus* auf und ist auch in ihren praktischen Konsequenzen bereits in dieser Zeit durchdacht worden, etwa vom deutschen Soziologen Georg Simmel. Er schrieb in seinem Essay „Zur Psychologie der Mode" bereits 1895 diese höchst moderne Passage, die für das Marketing eine interessante Vorlage bildet: „Die Mode ist so der eigentliche Tummelplatz für Individuen, welche innerlich und inhaltlich unselbständig, anlehnungsbedürftig sind, deren Selbstgefühl aber doch einer gewissen Auszeichnung, Aufmerksamkeit, Besonderung bedarf. Sie erhebt eben auch den Unbedeutenden dadurch, daß sie ihn zum Repräsentanten einer Gesammtheit macht, er fühlt sich von einem Gesammtgeist getragen. In dem Modenarren und Gigerl erscheint dies auf eine Höhe gesteigert, auf der es wieder den Schein des Individualistischen, Besonderen, annimmt. Das Gigerl treibt die Tendenz der Mode über das sonst innegehaltene Maß hinaus: wenn spitze Schuhe Mode sind, läßt er die seinigen in Schiffsschnäbel münden, wenn hohe Kragen Mode sind, trägt er sie bis zu den Ohren, wenn es Mode ist, Sonntags in die Kirche zu gehen, bleibt er von Morgens bis Abends darin usw. Das Individuelle, das er vorstellt, besteht in quantitativer Steigerung von Elementen, die ihrem Quale nach eben Gemeingut der Menge sind. Er geht den anderen voraus, wenngleich genau auf ihrem Wege. Scheinbar marschiert er an der Tête der

Gesammtheit, da es eben die letzterreichten Spitzen des öffentlichen Geschmacks sind, die er darstellt; thatsächlich aber gilt von dem Modehelden, was allenthalben im Verhältnis des einzelnen zu seiner socialen Gruppe zu beobachten ist: daß der Führende im Grunde der Geführte ist."

So waltet im Rahmen der kulturell vorgegebenen Möglichkeiten eine Art *Zufallsgenerator*. Manche Autoren gehen sogar so weit, den *Produkten*, die in diesem Prozess die Rolle der Impulse spielen, nur eine geringe bis überhaupt keine eigenständige Bedeutung zuzumessen. Die empirische Bestandsaufnahme der Prozesse bewegt sich – folgt man dieser These – an der Oberfläche der Erscheinungsformen, setzt also erst mit der Beobachtbarkeit der Ergebnisse eines bis dahin verborgenen Entwicklungsprozesses ein. Der Punkt, an dem sich dann diese *beobachtbaren* Ergebnisse anbahnen, kann aus dieser Sicht ebenso wenig reproduziert werden, wie man künftige Entwicklungen prognostizieren kann. Es ist ein mathematisches Problem, wechselseitige Reaktionen einer nicht quantifizierbaren Menge von Individuen in einem nicht bekannten Netzwerk nachzuvollziehen, dessen Mitglieder in ständiger Kommunikation ohne feste Regeln stehen, um die „Transformation" von einem Zustand in den nächsten greifen zu können. Nachträgliche Erklärungen erscheinen aus der Sicht dieser Argumentation als bloße Rationalisierungen, also als Mutmaßungen über eine denkbare (meist opportune und aus vergangenen Erfahrungen sowie von Zukunftserwartungen gespeiste) Logik der verborgenen Prozesse. Es ist eine Geschichte, die sich selbst erzählt und aus sich selbst heraus Dynamiken entwickelt, die dann irgendwann wieder zur Ruhe kommen oder gar zum Stillstand – und Moden erzeugen.

Der Kulturanthropologe und einer der Verfechter der *Random Copying*-Theorie Alexander Bentley zog denn auch in einem Interview eine bemerkenswerte pragmatische Konsequenz. „There should be certain aspects of products that are just subject to random drift in terms of popular choice. There is little value in expending R&D into these aspects, since their popularity is inherently unpredictable. In contrast, other aspects should be subject to independent decisions, i.e., selection, and will be predictable because they track real consumer needs. This may sound obvious – e.g., consumer preferences for food packaging may drift more than their preferences for the food itself – but the model provides the potential to resolve this much more finely: what parts that we thought were important actually drift in popularity? What things we thought were just style, are actually important? Instead of surveying customers to find out, you can address these questions more directly by looking at the market data themselves."

http://influxinsights.com/2007/interviews/influx-interview-dr-alex-bentley-random-copying-and-culture/#

Die Chancen des gestalterischen Geistes, neue Wege zu finden, können sich demnach also weder auf Berechnungen zeitgeistiger Entwicklungen verlassen noch auf die von Trendforschern und anderen selbst ernannten Exegeten in einschlägige Anglizismen verpackte Kopfgeburten. Mehr noch: Die Suche nach Berechenbarkeit verheddert sich in Trivialitäten, weil nur die wirklich berechenbar sind. Damit gerät ein wichtiger Punkt ins Blickfeld: die Behinderung von Innovation. Denn Trends, Modelle, eingängige Statistiken bieten allenfalls oberflächliche Einsichten in das Vorfindliche und verstärken damit im Zuge der Kaskaden des Random Coypings den Status quo. Auf diese Weise entsteht eine *Follower*-Kultur, wie Mark Pagel schreibt: „A tiny number of ideas can go a long way, as we've seen. And the Internet makes that more and more likely. What's happening is that we might, in fact, be at a time in our history where we're being domesticated by these great big societal things, such as Facebook and the Internet. We're being domesticated by them, because fewer and fewer and fewer of us have to be innovators to get by. And so, in the cold calculus of evolution by natural selection, at no greater time in history than ever before, copiers are probably doing better than innovators. Because innovation is extraordinarily hard. My worry is that we could be moving in that direction, towards becoming more and more sort of docile copiers."

   http://edge.org/conversation/infinite-stupidity-edge-conversation-with-mark-pagel

Was Pagel hier, neben einer Reihe anderer Autoren beklagt, bezieht sich allerdings nur auf eine bestimmte Form der *Nutzung* des Internets. Das Problem entsteht nicht durch die *Struktur* des World Wide Web, das im Prinzip (was die Inhalte betrifft) anarchisch ist. Es entsteht durch raffinierte Versuche, dem Medium seine Anarchie durch ein paar geschickte Manipulationen auszutreiben und es algorithmisch zu domestizieren, um ihm Daten abzutrotzen. Wieder muss auf die verführerische Macht der Cumulative Advantage hingewiesen werden: Unternehmen machen gern mit, ohne sich die langfristigen Folgen für ihre Innovationspolitik auszumalen. Zum Beispiel jene kleine Funktion, mit deren Hilfe *Zustimmung* zu einer Information oder Website vermerkt werden kann: „Gefällt mir". Zwei Fragen werden nicht beantwortet, die aber für die Einschätzung des strategischen Wertes dieser Funktion wichtig wären, erstens: Was heißt eigentlich „Gefällt mir"? Zweitens: Welche quantitative Basis liefert diese Funktion für die Bewertung einer Information, eines Produkts, einer Website, eines Unternehmens? Vor allem dann, wenn die gegenteilige Bekundung nicht möglich ist.

8.4   „Gefällt mir" gefällt mir nicht, was aber nicht auszudrücken ist

Zur ersten Frage: Im Rahmen eines dieser Mini-Studienprojekte, durchgeführt von Studenten auf dem Campus unserer Universität und in den Social Media, wurde die Aufgabe formuliert, trotz der vorstandardisierten SMS- und Social-Network-Formel- und Kürzel-Kommunikation, mit *Worten* auszudrücken, was man meint, wenn man „Gefällt mir" drückt. Eine Reihe von ausgewählten realen Beispielen sollten bewertet werden: „Stell Dir, vor", so die Frage, „da gäb's *keinen* Knopf und du müsstest *sagen*, was du meinst. Sogar *schreiben*. Was würdest Du schreiben?"

Was also bedeutete „Gefällt mir"?

Dies: „Passt irgendwie aus irgendeinem Grund", „ist eben halt so". So oder so ähnlich war dann auch die meistgenannte Antwort. Ganz selten wurde Enthusiasmus vermeldet, wie zum Beispiel „Das finde ich mega-super" oder „Mein Gott, das ist ja irre!" Viel öfter: „Klingt gut!" Oder „Ganz ok", „Nett, wirklich …", „Nix gegen zu sagen", „Da kann man nicht meckern".

Aber da eben solche verbalen Übersetzungen nicht vorliegen (ähnlich wie bei Rankings), kann jedes Unternehmen jede Äußerung, mag sie auch noch so zurückhaltend sein, pauschal als zustimmende Meinung verbuchen. Ob tatsächlich *Meinungsäußerungen* vorliegen, ist fraglich. Es sind sogar schon gerichtliche Auseinandersetzungen anhängig, natürlich in den USA: ob der Klick auf den Button, wenn er eine *Meinungsäußerung* darstellt, dem verfassungsmäßigen Schutz unterliege, so dass niemand zum Beispiel wegen *unterlassener* Meinungsäußerung berufliche Nachteile erdulden müsse – wenn etwa das eigene Unternehmen *nicht* bewertet werde. Das könnte ja bedeuten (und weist auf den Kern des Problems hin), dass die Enthaltung grundsätzlich als *negative* Wertung zu interpretieren sei.

Aber es geht noch weiter, und nicht nur in den USA: Die Nutzung von Facebook-Fanseiten und sogenannten Social Plugins gefiel auch dem *Landeszentrum für Datenschutz Schleswig-Holstein* überhaupt nicht. Das Prinzip, so die Mutmaßung, könne gegen deutsches und europäisches Datenschutzrecht verstoßen, weil man nämlich *gezwungenermaßen* eine Meinung äußere, wenn man *nicht* auf den Button drücke und es meisten Fällen keine Vorrichtung gebe, eine Abneigung auszudrücken: „Gefällt mir nicht". Gäbe es diese Alternative, wäre zwar ein Teil des Problems gelöst, aber eben wieder nur unzureichend, weil nicht bekannt ist, was das nun heißen soll: „Gefällt mir nicht".

Nach einer Umfrage in Vorlesungen und Seminaren unter etwas mehr als 200 Studierenden, was denn „Gefällt mir nicht" heißen könnte, zeigt sich das gleiche Bild wie beim Aktivieren der „Gefällt mir"-Funktion. Von „Hab' eben einfach meine Lust, immer auf diese Sch…-Knöpfe zu drücken" bis hin zu „Ich bin ziemlich

sauer", „So einen Mist habe ich wirklich selten gelesen/gesehen" und ähnliche Ur-
teile, wie sie eben in der Alltagssprache so formuliert werden.

Mit dieser Unsicherheit, die bereits bei den Rankings angesprochen wurde, die
nur reihen und nicht werten, verbindet sich nun noch das zusätzliche Problem,
dass niemand weiß, welche quantitative Bedeutung die jeweiligen Raten der Zustimmung überhaupt ausdrücken.

Die Zahl der zustimmenden Personen oder gar „Freunde" wäre ja, erstens, nur
aussagekräftig (und es wird allmählich langweilig, das zu betonen, aber es ist eben
der Kern des faulen Zahlenzaubers), wenn man wüsste, *wie viele Leute überhaupt*
eine Botschaft gesehen haben. Nur dann ließe sich ja die Relation errechnen – die
meistens aber wohl desillusionierend sein wird: Die überwiegende Mehrzahl wird
den „Gefällt mir"-Knopf *nicht* gedrückt haben. Ob das nun Missbilligung, Gleichgültigkeit oder schlicht Faulheit ist, bleibt ebenfalls ungewiss. Daher ist zweitens
auch nie klar, wie *stark* man mit den Freunden befreundet ist – und wie viele Nicht-
Freunde (oder wie man das nennen soll) da draußen herumlaufen (es sei denn, es
gäbe tatsächlich einen *Dislike-Button*, was aber in den meisten Social Media nicht
so ist – und definitiv von den meisten Social Media und von Unternehmen nicht
gewünscht wird). Denn für die Firmen, schreibt der Telekom-Ratgeber, „ist es
wichtig, dass Benutzer in sozialen Netzwerken wie Facebook nicht massenhaft negative Bewertungen abgeben können – vor allem nicht so schnell und bequem wie
über einen einzigen Klick. Denn für jedes Produkt oder Angebot, dem von vielen
Mitgliedern der Daumen runter gezeigt werden würde, wäre dies äußerst schlechte
Werbung." Die Wahrheit wird also zugunsten der Kosmetik ausgesetzt.

> http://ratgeber.t-online.de/gefaellt-mir-nicht-ein-dislike-button-auf-facebook-/
> id_58344638/index

Doch genau da wird es komisch: Unternehmen tragen dadurch, dass sie die Gegen-
funktion nicht unterstützen, zur *Bedeutungslosigkeit* der positiven Äußerungen bei.
Denn die finden nun weder einen qualitativen noch einen quantitativen Bezugsrahmen, der ihre wahren Ausmaße verdeutlicht. Selbst wenn alle Enthaltungen nur
als neutrale Wertungen berechnet würden, hätte man zwar keine negativen Werte
aber auch immer noch keine vollständige Information, allenfalls die, dass die meisten Betrachter einer Firmeninformation schlicht Gleichgültigkeit dokumentieren.
Vor allem aber würden sich die „Dislike"-Bekundungen auf alle erdenklichen
Unternehmen erstrecken und somit ein tatsächliches Ranking aus positiven und
negativen Bewertungen ermöglichen, die ihrerseits wieder die reale Position des
Unternehmens im Kontext seiner Wettbewerber ermöglicht. *Das* wäre *Marktforschung*. Aber daran ist offensichtlich kaum jemand interessiert.

So blieb es denn einer innovativen Crew um Bradley Griffith und Harrison Massey überlassen, unabhängig vom Netzwerk eine Facebook-App namens *Enemy-Graph* zu entwerfen, mit der man bestimmte Facebook-Konten negativ bewerten kann (jedenfalls zum Zeitpunkt der Abschlussarbeiten am Manuskript war das so). Beide sind Studenten in der Disziplin Emerging Media + Communication.

http://www.deanterry.com/post/18034665418/enemygraph

EnemyGraph realisiert nun das theoretische Gegenmodell zur zwangsweisen Inklusion und bietet einen Button „Gefällt mir nicht" auch für Facebook-Seiten. Damit lassen sich die User identifizieren, die sich durch die erklärte Abneigung gegen eine Information, eine Website, ein Unternehmen aus einer Gemeinschaft bewusst ausschließen. „The ironic thing is – and this is a byproduct of the project rather than the intention – we are generating a whole new set of personal data that could potentially be mined. I found it a compelling tool for self expression, at least as powerful as the likes list on your Facebook profile page. Often, it tells you a great deal about a person in a way that an affirmative list can not." Der Prozess nimmt das Skalierungs-Modell der *Evaluative Assertion Analysis* auf, das im Methodologischen Intermezzo 2 beschrieben wurde. Der Algorithmus dieser erweiterten Möglichkeit zur Beurteilung von Personen und Unternehmen ließe also weit differenzierte Rückschlüsse auf die Kundschaft zu als die ärgerliche Bevormundung durch die halbierte Wirklichkeitserfassung.

Gute Gründe wird man in der *Balancetheorie* finden, die in ihrer einfachsten Form die Relationen zwischen drei Personen auf einer dreistufigen Nominal-Skala misst: positiv, neutral, negativ. Schon in dieser kleinen Modellwelt wird es kompliziert, wenn zum Beispiel die Linie zwischen A und B positiv markiert ist, die zwischen A und C auch, aber die zwischen B und C negativ. Was bedeutet das für die Freundschaften von A und B? Doch selbst wenn sich alle drei mögen, also die durch das Dreieck graphisch verdeutlichen Relationen sämtlich positiv sind, ist es möglich, dass die Außenbeziehungen der „Freunde" auch Abneigungen enthalten, also negative Beziehungen zu D, E, F und anderen, die ihrerseits wieder in geometrisch darstellbaren Relationen stehen. So würde offenbar, wie sich *Gruppen* finden, teilen oder differenzieren. Personen, denen etwas *nicht gefällt*, sagen wir die bunten Hosen der wieder aktuellen Ivy League- und Preppy-Mode oder etablierte Luxusautos, finden ja erst, wie Kap. 5 zeigen wird, durch diese Ablehnung bestimmter Produkte oder Stile und der Zustimmung zu signifikanten Brechungen dieser Stile zusammen. Es *gefällt* ihnen, dass ihren Gesinnungsgenossen das *nicht gefällt*. Auf diese Weise entwickeln sich weit interessantere Einblicke in die Dynamik der Geschmacksbildung, die sich im gesellschaftlichen Diskurs durch *Random Copying*-Prozesse entwickelt.

Möglicherweise sind die Abneigungen („Feinde") gerade die Triebkräfte dafür,
dass die „Freunde" durch einen imaginären Dislike-Button überhaupt erst zusam-
menkommen, und die die Plattform, auf der das geschehen konnte, deshalb mögen.
Vielleicht entstehen auf diese Weise – eben durch Abneigungen gegen bestimmte Modeströmungen – andere Moden. Mit welcher Komplexität hier zu rechnen
ist, lässt sich an den mathematischen Fassungen der so genannten *Heider-Balance*
ablesen. Interessenten an den soziologischen Rechenoperationen werden auf der
folgenden Website bestens informiert:

http://arxiv.org/pdf/physics/0501073v1.pdf

Zwei Gegenargumente sind wichtig: Erstens muss die Frage beantwortet werden,
ob der Begriff „Feind" nicht zu drastisch ist. Diese Frage wurde auch den Initiato-
ren von EnemyGraph gestellt – eine Frage, die interessanterweise den Status quo
als selbstverständlich deklarierte. Denn die Konnotation dieses Begriffs der „Feinde" ist genauso irreführend wie der Facebook-Begriff der „Freunde". Die Frage ist
nicht zu beantworten, solange die nicht gewichtete Zustimmung als Währung gilt
(und wenn es den Dislike-Button gibt, eben die tatsächlich errechenbare Relation
zwischen Zustimmung und Ablehnung). Jeder weiß dass es eine ausdifferenzierte
Skalierung nicht gibt. Dennoch ist das Instrument praktisch brauchbar, so wie es
auch bei der vereinfachten Form der EAA durchgespielt wurde.

Das zweite Gegenargument lautet: Der so genannte *Social Value* (also der Zugang zu attraktiven Milieus und Zielgruppen) ist nur dann berechenbar, wenn die
entsprechenden Werte für die Konkurrenz auf dem Tisch liegen. Man kann davon
ausgehen, dass die Gleichgültigkeit, sich zu äußern, für alle Akteure im Netz gleichermaßen gilt. Insofern entsteht hier ein Ranking mit schwacher Aussagekraft,
aber immerhin praktischer Bedeutung, solange jeder an eine starke Aussagekraft
glaubt. Doch das eigentliche Problem ist die Relation zur denkbaren Zahl der Aktivitäten im Netz – denn was bedeuten schon vor dem Hintergrund der Verkehrsrate
von weltweit 4 Mrd. Aufrufen pro Tag und 60 h Videomaterial, das in jeder Minute
hochgeladen wird, eine oder 2 Mio. Klicks?

Das klingt zwar gewaltig und beeindruckend, aber nur deshalb, weil die gewohn-
ten Relationen angewendet werden – und die stammen von gestern, wie sich an der
folgenden historischen Analyse zeigt. Aus einer Zeit, in der es kein Internet gab
und diese Zahl tatsächlich eine unglaubliche Mobilisierung dokumentierte. Da war
die Ballung von Millionen eine Sensation. Das wirkt nach. Aber es ist die falsche
Geschichte. Nun aber ist diese Sensation eher emotional, nicht mehr statistisch zu
begründen. Denn so eindrucksvoll auch die Tatsache ist, dass sich in kürzester Zeit
Millionen dazu entscheiden, nach Vorgabe eines *You Tube*-Videos zu schunkeln

(Haarlem Shake), ist doch die Frage naheliegend, wie viele es in Deutschland sind – mal abgesehen von der Frage, ob dieser Trend überhaupt von irgendeinem Interesse ist und welche Intensität sich in den „Gefällt mir"-Bekundungen ausdrückt.

Diese Einsichten sind keineswegs nur theoretischer Natur. Sie sind Abbilder der Wirklichkeit, wie viele Menschen sie sich vorstellen, im Glauben, dass etwas tatsächlich passiert ist. Wenn dann die asymmetrischen Informationen durch irreale Statistik (das heißt: *Bad Mathematics*) bestätigt wird, entstehen Bilder der Wirklichkeit. Die Zahlen, die diese Wirklichkeiten bestätigen, sind real. Das Problem ist oft nur, dass die Schlussfolgerungen von falschen Erwartungen geprägt sind und daher die wirklichen Kausalitäten ausblenden. Die Zahlen geraten in den Sog der wechselseitigen Bestätigung von etwas, das keiner selbst beurteilen kann, der sich nicht intensiv mit der Sache beschäftigt hat. So wie mit dem Testosteron, den Radfahrern oder faulen Professoren, den *Spiegel*-Bestsellern und fleißigen Professoren. Das war schon immer so. Mitunter selbst in der Wissenschaft.

8.5   Krieg der Welten und Panik in New York

Daher ist es interessant, auch aus methodologischen Gründen (nach Grete de Francesco) weitere historische Arbeiten zu Rate zu ziehen, die belegen, dass das beschriebene Prinzip nicht neu ist. Ich wähle ein Beispiel, das sicher den meisten Leserinnen und Lesern bekannt sein dürfte: jene in mehreren Filmen verewigte (und wie man sagen muss *vorgebliche*) Panik, die durch ein Hörspiel 1938 ausgelöst worden sein soll: „Krieg der Welten", inszeniert von Orson Welles. Zur Wahl des Beispiels fühle ich mich durch Daniel Gilbert inspiriert. Es steht zu vermuten, dass er an eben dieses Hörspiel dachte, als er – wie oben zitiert – schrieb: „We aren't asking people to tell us how they'll feel after a *Martian invasion*." Gilbert hat dieses Beispiel vermutlich mit Bedacht gewählt, weil dieser Fall interessante Einblicke in die Dynamik der Kommunikation über Massenphänomene bietet, die erst dadurch zu Massenphänomenen werden, dass jeder sie dafür hält.

Am 30. Oktober 1938 also sendete CBS das Hörspiel von Orson Welles, das auf der Basis des Buches „War of the Worlds" von H.G. Wells aufbaute, zu hören unter dem Link:

http://www.youtube.com/watch?v=Xs0K4ApWl4g

Zwei Jahre nach der Sendung erschien die erste empirische Untersuchung. Sie stammte vom Kommunikationswissenschaftler und Sozialpsychologen Hadley Cantril, der bahnbrechende Stsudien mit Paul Lazarsfeld zusammen unternommen hatte: „The Invasion from Mars: A Study in the Psychology of Panic, With the Complete Script of the Famous Orson Welles Broadcast", aufgelegt in der Princeton University Press.

Schon im Titel also wird das Ergebnis präjudiziert: *Panik*. „This is a study about panic", so lautet auch die Zeile auf der Vorschaltseite einer Ausgabe des Buches von 1947. Vom ersten Absatz an wird die Assoziation des Lesers wieder auf die Panik konzentriert, die sich vermeintlich im Großraum New York abspielte. So beginnt das Buch auch: „On the evening of October 30, 1938, thousands of Americans became panic-stricken by a broadcast purported to describe an invasion of Martians. […] Probably never before have so many people on all walks of life and in all parts of the country become so suddenly and so intensely disturbed as they did on this night."

Tausende.

Eine *große* Zahl.

Was bedeutet diese Zahl?

Die Antwort wirkt nun zu diesem Zeitpunkt der Niederschrift der hier vorgelegnten Gedanken schon stereotyp: Um die Bedeutung bestimmen zu können, muss man die Zahl der Menschen kennen, die das Hörspiel eigentlich gehört haben. Der Leserschaft wird diese Information auf Seite 55 vermittelt: „Who listened?": Von der Grundgesamtheit derer, die in der regelmäßigen Hörerumfrage des *American Institute of Public Opinion* erfasst wurden, erzielte das Hörspiel eine Reichweite von 12 %. Das sind maximal 8 Mio. Hörerinnen und Hörer, es gibt Untersuchungen, die von etwa 4 Mio. ausgehen. Zählt man einen realistischen Anteil von Kindern unter 14 Jahren dazu, die von der Analyse nicht erfasst wurden, erhöht sich die Reichweite auf höchstens 12 Mio. Mit anderen Worten: Mindestens 84 % (wahrscheinlich aber ein weit größerer Anteil) der größtmöglichen Hörerschaft hatten das Programm *nicht* eingeschaltet Diese Zahlen bleiben nicht nur unkommentiert, sie werden auch nicht als Basis für eine Relativierung benutzt, ganz im Gegenteil: Das Datum wird zur potenziellen Sensation aufgeputzt, denn schon wenige Seiten später mutmaßt Cantril – ganz dem *Panik*-Motto des Titels folgend: „Had the program enjoyed greater popularity, the panic might have been more widespread."

Von denen, die das Programm hörten, glaubten 28 % – also etwa 1,7 Mio. Menschen – tatsächlich, es sei eine Nachrichtensendung. Davon wiederum waren nach Aussage der Befragung 70 % „excited", also *erregt* oder *aufgeregt*, auf jeden Fall irgendwie *beunruhigt*. Das sind nun noch um die 1,2 Mio. Dass die nun alle kopflos durch die Gegend gerannt wären und damit die im Film und in der öffentlichen Wandersage vermutete „Escape Panic" ausgelöst hätten, ist durch nichts belegt und auch nicht belegbar.

Es sei denn, man behauptet es einfach oder schafft opportune Assoziationen. So zum Beispiel: „In spite oft he attempt to word the question concerning the individuals reaction in a casual way, it must be remembered that the number of persons who admitted their fright to […] interviewers is *probably* the very minimum oft he total number actually frightened. Many persons were *probably* too ashamed of their gullability to confess it in a cursory interview." Diese Mutmaßung stützt Cantril auf die *Frequenz der Telefonanrufe* zum Zeitpunkt des Hörspiels. Die Nutzung stieg während der Sendung in der Northern Metropolitan New Jersey Area um 39 %. In der folgenden Stunde lag sie 25 % über normal. In unterschiedlichen New Yorker Vororten wurde ein Anstieg von fünf bis 19 %, in Philadelphia um knapp 10 % vermerkt. Die Rate der Anrufe in den Funkhäusern stieg weit rasanter: um 500 %. Fünfzehn Personen wurden mit einem Schock ins Krankenhaus gebracht. „There seems little doubt", schreibt Cantril, „that a public *reaction of unusual proportions* occurred."

Und so beginnen viele der späteren Berichte mit der Eröffnung, die Cantril genutzt hatte: „On the evenig of October 30, 1938 …", um gleich nach dieser Einführung dann Einzelfälle von Menschen zu beschreiben, die das Weite suchten: „Believing that the nation had been invaded by Martians, *many* listeners panicked. *Some* people loaded blankets and supplies in their cars and prepared to flee. *One mother* in New England *reportedly* packed her babies and lots of bread into a car, figuring that, if everything is burning, you can't eat money, but you can eat bread.' *Other people* hid in cellars, hoping that the poisonous gas would blow over them. *One college senior* drove forty-five miles at breakneck speed in a valiant attempt to save his girlfriend." Einzelfälle, deren Repräsentativität nicht dokumentiert wird – im Gegenteil: Sie kompensieren den Mangel an Repräsentativität durch ihre mitreißenden Inhalte. Anekdotische Evidenz ersetzt die Analyse und nutzt das Erzählmuster einschlägiger Literatur sowie den Beleg einer vermeintlichen großen Zahl – analog zum späteren „Gefällt mir".

http://www.museumofhoaxes.com/hoax/archive/permalink/the_war_of_the_worlds

Dieses Beispiel ist *kein Einzelfall*. Ähnliche Fiktionen mit vorgeblichem Realitätsgehalt (heute als „scripted reality" beliebte Unterhaltung für Liebhaber künstlicher Erregungen) gab es zuvor und hernach, und immer wieder waren die Reaktionen ähnlich, sowohl auf Seiten des Publikums als auch auf Seiten der Interpreten.

Zuvor: Am 25 September 1930 wurde in Deutschland das Hörspiel „Der Minister ist ermordet" von Erich Ebermayer gesendet. Obwohl die Sendung in den Programmzeitschriften avisiert worden war, trug sie dazu bei, dass sich das Gerücht über die Ermordung des Reichsaußenministers Julius Curtius (DVP) verbreiten konnte. Er sei einem Anschlag zum Opfer gefallen. Wie viele Menschen das Gerücht glaubten, ist nicht überliefert, nur *dass* es geglaubt wurde. Ebenso wenig wie bei einem noch früheren Vorfall, nämlich einem fingierten Radiobericht vom 16. Januar 1926 in London über die Besetzung des Trafalgar Square, die Plünderung der Nationalgalerie, die Sprengung des Big Ben und des Marsches der Massen auf die BBC-Gebäude, ja sogar die Erhängung des Verkehrsministers durch Arbeitslose. Panik, natürlich. Aber wie viele Menschen in diese Panik gerieten, wurde nie bekannt. Die Symptome waren dieselben wie bei Orson Welles' Hörspiel: Die Leitungen der Telefone brachen zusammen. Was nicht verwunderlich ist, wenn man die Netzkapazitäten von damals betrachtet.

Hernach: Als späteres *Feldexperiment* kann ein Hörspiel in Schweden vom 13. November 1973 herangezogen werden, das die Katastrophe eines Atomkraftwerkes schilderte, Barsebäck – das allerdings zum Zeitpunkt der Sendung noch nicht einmal endgültig in Betrieb war. Trotzdem – alles war realistisch, Sirenen, bekannte Radiostimmen von Kommentatoren, Geschrei. Innerhalb einer Stunde, berichtet Karl Erik Rosengren in einer Analyse des Medienvorfalls, diagnostizierten die Massenmedien eine ausgedehnte Panik in Südschweden. Befragt wurden anschließend etwa 1200 Menschen. 20 % der Erwachsenen hatten das Programm gehört. Jeder Zweite davon hielt es anfangs für eine Nachricht, der Anteil erhöhte sich im Laufe der Sendung auf wiederum 20 %. Davon nun wieder reagierten 15 % in irgendeiner Weise beunruhigt. Das heißt: Am Ende reagierte 1 % der Gesamtpopulation durch – etwa – Anrufe bei Familienmitgliedern oder Funkhäusern, bei Nachbarn oder der Polizei. Rosengren kommt allerdings bei der Interpretation der empirischen Befunde in der Fachzeitschrift *Acta Sociologica* 4, 1975, zu einer völlig anderen Schlussfolgerung als Cantril. „After all, if you have the impression that a serious nuclear desaster is developing in your close vicinity, it is only natural that you are afraid: What needs explanation is hat 30 % reported misunderstanding the program without being afraid." Eine seltsame Eigenart zeigte sich im Verhalten vieler Menschen: Der Versuch, durch die empirische Prüfung von Zusammenhängen, Hintergründen und Relativierungen zu einem rationalen Urteil zu kommen (also, dass es sich um ein Fiktion handle) wird als *Verschwörung* wahrgenommen, so dass gerade die *mangelnde Evidenz* zum *Beweis* der Katastrophe avanciert. Dabei hilft der Hinweis auf große Mengen, auf Menschenmassen, Telefonfrequenzen, sonstige überinterpretierte Verhaltensweisen. Auf die *große Zahl*.

Das ist heute noch leichter als damals, weil die absoluten Zahlen gigantische Ausmaße annehmen. Heute sind die Netzkapazitäten so groß, dass sie sich jeder Berechnung entziehen. Ein neuer Zahlenzauber entsteht, der offensichtlich die Dimensionen menschlichen Verständnisses übersteigt und sich, wie von einem Zauberlehrling entfesselt, selbständig macht. Und doch wird die Illusion genährt, dass man dieser Flutwelle von Daten einen Inhalt entringen könne. Big Data Research ist das Stichwort. Werfen wir einen Blick darauf.

Methodologisches Intermezzo 4: Zahlen, zu groß für Empirie

9

9.1 Die Theorie vom Ende der Theorie

Die Idee der routinemäßigen Erfassung von verborgenen Inhalten im Netz durch die Nutzung von Algorithmen ist bestechend und klug, solange es um Objekte und Vorgänge geht, die durch Routinen definiert sind, die durch die wechselseitige Beeinflussung von bislang unberechenbar vielen Parametern entstehen und auf eine bestimmte Art und Weise beobachtbare Zustände generieren – ohne dass im Prozess dieser Genese direkt sichtbar würde, *wie* das geschieht. Im Ergebnis sollen dann Strategien (also geplante Routinen) entstehen, die eine Problemvermeidung oder eine Optimierung von Problemlösungen zur Folge haben: etwa bei der Steuerung von Verkehrsströmen durch die Fusionierung technischer Daten aus Automobilen und Verkehrsleitsystemen; im Rahmen der Bekämpfung von Epidemien, im optimalen Falle sogar, bevor sie auftreten; bei der Optimierung logistischer Prozesse; im Zuge der Qualitätssicherung in den durch verschiedene Zulieferer mitgestalteten Wertschöpfungsketten oder -netzwerken; bei der Prognose von potenziellen Katastrophen nach Unfällen; zur Identifikation der schwachen Signale bei der Entstehung von Naturkatastrophen; zur Erfassung milieuspezifischer Nebenwirkungen von Pharmazeutika sowie der Entwicklung individualisierter Medizin und vieles mehr. Bei all diesen Beispielen zeigt sich, dass Big Data Research fantastische Methoden der Erkenntnis bietet, geradezu Meisterwerke der angewandten Mathematik – lassen wir jetzt einfach mal die dunklen Seiten der Ausspähung von Menschen weltweit beiseite; lassen wir auch die überaus lästigen und im Grunde für die Urheber auch peinlichen Versuche beiseite, aus den Daten der Internetnutzer Profile zu erstellen, um sie dann im Glauben, Menschen reagierten wie Reiz-Reaktions-Maschinen, mit individualisierter Werbung zu belästigen. Darüber wird ja an vielen Stellen bereits sehr kritisch diskutiert.

Aber schon bei der Analyse von alltäglichen Verhaltensweisen zeigen sich auch praktische Grenzen, und zwar immer dann, wenn nicht Routinen, sondern die die-

H. Rust, *Fauler Zahlenzauber*,
DOI 10.1007/978-3-658-02517-5_9, © Springer Fachmedien Wiesbaden 2014

sen Routinen zu Grunde liegenden kulturellen Entwicklungen analysiert werden
sollen – zudem noch zukünftige. Denkt man etwa an ein so einfaches Beispiel wie
die Erfassung der verborgenen Gesetze, die die Zweitverwertung gebrauchter Technologien bestimmen – ein für das Recycling von Rohstoffen wichtiges Thema. Da
hängt vieles von der Frage ab, wie schnell Produkte ausgetauscht werden, die zwar
noch voll funktionsfähig, aus gesellschaftlicher Sicht aber schon „out" sind. Schon
dieses eine Beispiel weist auf das Missverständnis hin, man könne die technische
Anwendungslogik für die Analyse *struktureller Routinen* einfach auf *kulturell be-
dingte Konsumdaten* übertragen. Aber genau das erscheint so verführerisch. Nun
also hegt man die Hoffnung, in den Datenmassen des 3W-Universums sozusagen
die latenten Betriebssysteme des Konsumentenverhaltens zu finden, Motive, Einstellungen, Dispositionen, derer sich die Konsumenten selbst nicht bewusst sind,
die aber in den Daten ihre Spuren hinterlassen.

Was gab es da nicht alles an Vorläufern, an immer wieder *ultimativen* Durch-
blicks-Utopien, um endlich der Wirklichkeit ihre wahre Realität abzuringen: Zeit-
reihenanalysen, multidimensionale Panels, Regressions- und Pfadanalysen und auf
ihnen aufgetürmte Konstruktionen wie die Latent Structure- und Kontingenzana-
lysen.

Dann diese wunderbaren Blickkontaktaufzeichnungen!

Oder die äußerst engagiert und kontrovers debattierten C-Box-Experimente,
bei denen im TV-Gerät eine Kamera steckte und beobachtete, *ob* die Zuschauer
während der Werbung die Toilette aufsuchten. Antwort: *Aber immer!*

Was das für ein Wirbel war damals, Ende der 70er Jahre! Jeder legte die Befunde
anders aus. Natürlich zu jeweils deren Gunsten, die sich gerade eine Interpretation
abrangen. Das war das eigentliche Ärgernis. Doch wie bei der Vorstellung der halb-
jährlichen Mode-Kollektionen auf den Laufstegen der Designer folgte in rasendem
Rhythmus Tool auf Tool.

Das Tempo erhöhte sich, als die Ära der Social Media anbrach. Buchstäblich
Zehntausende von Ratgebern und Beratungsunternehmen versprachen und versprechen den ultimativen Erfolg auf *Facebook* und *Twitter*, weil sich irgendwie die
uralte Idee des Behaviorismus (aus den 20er Jahren!) wieder Bahn bricht und die
alten Reiz-Reaktions-Schemata neu installierte, was dann insbesondere beim letzten ganz großen Ding für unfassbaren Jubel sorgte: MRT! Aufzeichnungen feu-
ernder Neuronen im Hirn! Die Sortierung der *Big Data* in unseren Schädeln, der
Blick ins Reptilienhirn (Clotaire Rapaille) oder die Dechiffrierung des „limbischen
Systems" (Hans Georg Hänsel), um den „Kaufknopf" zu finden (und natürlich zu
drücken). Neuromarketing!

Mittlerweile ist auch diese Euphorie verpufft, zu viele interpretierbare Stör-
faktoren fanden sich im Hirn. Elf renommierte deutsche Neurowissenschaftler

warnten gar in einem Manifest eindringlich vor der weiteren kommerziellen Ausbeutung ihrer Wissenschaft, man wisse noch so gut wie nichts über das komplexe Zusammenspiel der Hirnregionen und der Milliarden Vernetzungen, der Big Data-Organisation in den Köpfen der Kunden.

Trotz durchgängiger Enttäuschungen hielt sich die Idee beharrlich, irgendwann zu entschlüsseln, was ihn treibt, diesen Konsumenten „da draußen". Nun also – *Daten*.

Sie sollen den Pfad der Erleuchtung eröffnen, mit einem simplen Syllogismus: Daten sind die Äußerungen des Kunden, und je mehr Äußerungen des Kunden man zusammenfügt, desto klarer erscheint sein Bedürfnisprofil. Je klarer wiederum seine Bedürfnisse bekannt sind, desto leichter wird es sein, ihm das zu offerieren, was er will.

Um diesen kybernetischen Prozess in Gang zu setzen, benötigt man also jenes methodologische Wunderwerk, das mit Hilfe mathematischer Operationen den *Homunculus Algorithmicus Consumens* offenbart. So viel zum gegenwärtigen Endstand der Dinge, die sich nun auch in modischen Endzeitfantasien ergingen: nach dem Ende der Geschichte, dem Ende der Arbeit, dem Ende der Männer und dem Ende von allerlei Sonstigem nun sozusagen als Ende der Fahnenstange: das *Ende der Theorie*!

Eine *Theorie*, um das noch einmal klarzustellen, ist ein Gedankengebäude, das auf empirischen Erfahrungen beruht und gültige Aussagen über Entwicklungen, Verhaltensoptionen, Strukturmuster bietet, die über die Einzelfälle hinaus gültig sind. Damit wird klar, dass die Behauptung, *keine* Theorie zu benötigen, am Ende eigentlich eine Theorie *von universaler Reichweite* darstellt. Denn Big Data soll ja die gesamte Wirklichkeit erfassen, was theoretisch heißt: Es gibt sie, die Wirklichkeit, und zwar in bestimmten Strukturmustern. Doch diese Idee, die technisch gesehen auf den ersten Blick recht plausibel klingt und sicher für die beschriebenen Routinen auch richtig ist, wird sich, was die Konsumkultur betrifft, sehr schnell als kontraproduktive Kurzsichtigkeit erweisen.

9.2 Die Sache dreht sich im Kreis

Zehn Thesen sind als Ergebnis unserer Prüfung der Potenziale von Big Data Research im Bereich alltagskultureller Ausdrucksaktivitäten entstanden. Im Zentrum stand dabei ein größeres Projekt über die zukünftige Bedeutung der individuellen Mobilität und dabei insbesondere des Autos aus der Sicht junger Konsumenten, zu dem ich später noch einiges ausführen will. Kontraproduktive Kurzsichtigkeit also, und zwar aus mehreren Gründen:

1. Erstens, weil man mit Abermillionen Individuen rechnen müsste, die nur dann für das Marketing von Nutzen wären, wenn man sie unter gemeinsamen Gesichtspunkten zu Milieus oder Zielgruppen zusammenfassen könnte, nachdem die Big Data Profiler sie zuvor mühsam auf ihre *individuellen* Bedürfnisse hin identifiziert haben. Das ist zwar nicht unmöglich, aber mit unglaublichem Aufwand verbunden und nur in der Variation oberflächlicher Erscheinungsformen von Produkten denkbar.

2. Zweitens, weil man, wenn das tatsächlich gelingen würde, einen unglaublichen Nivellierungsprozess der Bedürfnisse in Gang setzen würde, an dessen Ende man nur noch gleichgeschaltete Konsumgeister vorfände, unfähig, etwas anderes auszudrücken als ihnen aufgrund der Daten vorauseilend serviert würde. Weil der Erhebungsprozess der Daten ja kontinuierlich weitergeht und dann allmählich nur noch seine eigenen Konstrukte reproduziert, müsste dieser Prozess in eine – wie Pagel schon andeutete – Abwärtsspirale an Innovation münden.

3. Drittens, weil man eine wesentliche Qualität der Daten vergisst: Sie sind *repräsentativ*, das heißt: nicht *an sich* aussagekräftig. Sie beziehen sich immer auf einen größeren kulturellen Zusammenhang und stellen daher nur die oberflächlichen Ausdrucksformen tiefer liegender und auf sehr verschiedene Weise realisierbarer Wünsche unterschiedlichster Intensität dar. Die aber müssen *aus dem Datenwust extrapoliert* werden, um alte durch neue Produkte zu ersetzen, das heißt auch, die Produktionslinien und die Wertschöpfungskette zu verändern.

4. Weil viertens, wie der Mathematiker und Web-Theoretiker Barabasi kürzlich ausführte, eine wesentliche Aufgabe übersehen wird: den Daten einen *Sinn* zu geben. Selbst wenn man undurchsichtige Prozesse einer unfassbaren Menge intervenierender Variablen mit Big Data Research erfasst hätte, müsste irgendjemand feststellen, was denn nun die aus dem Chaos explizierten Informationen für die konkrete Aufgabenstellung bedeuten.

5. Fünftens, weil man leicht die Tatsache übersieht, dass die Differenz zwischen den *Informationen* (Daten) und dem, was die Daten repräsentieren (also *alltagskulturelle Ausdrucksaktivitäten* von Menschen), das Terrain für innovative Entwicklungen von Produkten und Dienstleistungen eröffnet, die gleichermaßen ein endemisches Wachstumsmerkmal einer Volkswirtschaft wie einen Wettbewerbsvorteil gegenüber in- und ausländischen Konkurrenten darstellt.

6. Sechstens, weil jedes einzelne Individuum im Netz ohne größere Anstrengung Informationskaskaden in Gang setzen kann, die völlig unerwartet sind, die schlicht Zufällen unterliegen. Durch einen Prozess des so genannten *Random Copyings* trägt gerade das Internet dazu bei, dass ständig Unberechenbares entsteht. Nur sind weder Thematik noch Zeitpunkte, weder Dauer noch Reichweiten solcher Kaskaden in irgendeiner Weise berechenbar.

7. Weil nun siebtens sich durch all diese Eigenarten das Netz in jeder Sekunde ändert und der Interpret immer inaktuelle Daten vorfände, auch wenn sie nur eine Stunde alt wären. Er geriete so in das, wie ich es nennen möchte, *Tristram Shandy-Paradox*. Tristrams Vater begann bei der Geburt des Jungen ein Erziehungshandbuch zu schreiben, nach dessen Maximen er aufgezogen werden sollte. Laurence Sterne, der Autor des unglaublichen und seit Jahrhunderten weltberühmten Romans „Leben und Ansichten von Tristram Shandy, Gentleman" (erschienen 1761 bis 1767), in dem diese skurrilen Gedankenspiele genüsslich ausgebreitet werden, beschreibt das Ergebnis des Versuchs im 16. Kapitel des zweiten Buches: „In ohngefähr drei Jahren, oder etwas mehr, war er bis fast in die Mitte seines Werkes vorgeschritten [...] und hatte doch seiner eigenen Berechnung nach kaum die Hälfte des Werkes beendet. Das Unglück dabei war, daß ich während dieser Zeit ganz vernachlässigt wurde und meiner Mutter allein überlassen blieb, – dann aber, was fast ebenso schlimm war, daß der erste Theil des Werkes, auf den mein Vater die meiste Mühe verwandt hatte, durch diese Verzögerung allen Werth verloren hatte, – jeden Tag wurden ein paar Seiten überflüssig."
   http://www.zeno.org/Literatur/M/Sterne,+Laurence/Roman/ Tristram+Shandy/Zweiter+Band/Sechzehntes+Kapitel

8. Weil, achtens, ein Problem für den praktischen Alltagsgebrauch im doch sehr begrenzten Zugang zu den notwendigen Rechnerkapazitäten liegt. Noch wichtiger aber ist eine weitere, kaum diskutierte Grenze des Zugangs: Gerade auf dem Gebiet des Marketings befinden sich interessante Daten in privaten Händen, sind also nicht zugänglich. Auch darauf weist Barabasi hin.

9. Weil schließlich, neuntens, ein beträchtlicher Teil der Kommunikation über den Konsum mit Hilfe von *Fotografien* absolviert wird, und das in mehreren 100 Mio. Blogs. Es müsste also ein System geschaffen werden, das diese *Bild*welten in all ihrer Komplexität erfassen könnte. Die Identifikation von einzelnen Elementen (also etwa dem Produkt eines Unternehmens als Datum) reicht bei weitem nicht aus. Denn bildhafte Inszenierungen erfolgen immer vor einem assoziativen Hintergrund, in einem Kontext, der mit interpretiert werden müsste.

10. Damit erreichen wir, um es in der Sprache der Computerspiele zu formulieren, *Level 10*. Interessanterweise als modifizierte *erste* These. Denn wieder gilt es, mit Abermillionen Individuen zu rechnen, diesmal allerdings nicht im Hinblick auf konkrete Daten, sondern die Möglichkeiten, den unglaublich differenzierten Almanach der alltagskulturellen Ausdrucksmöglichkeiten in seiner Dynamik auch bildhaft zu erfassen. Jeder und jede einzelne der Bloggerinnen und Blogger, die sich in diesen Bildwelten bewegen, kann das eigene Arrangement konstruieren. Und alle haben sie die Möglichkeit, Kaskaden in Gang zu setzen.

Abb. 9.1 Quelle: http://
strangewaysnyc.tumblr.com/
image/32678666159

Mit dieser letzten These wollen wir uns nun etwas näher beschäftigen und dann
von ihr aus Stück für Stück alle weiteren einbeziehen. Beginnen wir mit einem einfachen Bild: Vor einiger Zeit hat irgendjemand irgendwo auf der Welt in irgendeinem Blog das Bild einer *Rolex Submariner* eingestellt, bei der das charakteristische
Stahlarmband durch ein mehrfarbiges Stoffarmband ersetzt wurde, so wie es vor
vielen Jahren einmal in einem James Bond-Film zu sehen war, etwa so wie Abb. 9.1.
Zur Geschichte:

http://rolexblog.blogspot.de/2009/07/real-james-bond-watchstrap-comes-to.
html?m=1

9.3   Wie ein Bild eine Kaskade erzeugt

Heute sind ungezählte Fotos dieser Art im Netz eingestellt. Das gezeigte Bild zum
Beispiel hat zum Zeitpunkt des letzten Abrufs 3 172 Personen zum weiteren Posting
oder zumindest doch zu einem Kommentar veranlasst. Und diese ist nur eine von
Zehntausenden (?), Hunderttausenden (?), Millionen (?), Variationen dieses stil-
bewusst gebrochenen Luxusprodukts im Netz. Die folgenden Fotos zeigen weitere
Beispiele aus Funden mit dem Suchbefehl http://www.tumblr.com/tagged/natos-
trap.

Eines dieser Fotos oder irgendein anderes gleichartiges Foto löste offensichtlich eine Kaskade aus, so dass heute in den Tiefen des 3W-Universums ungezählte
Bilder von Uhrenklassikern mit Stoffarmbändern kursieren, wobei hier und in der
folgenden Analyse die Fotofunde jeweils aus einer dieser zufällig aufgefundenen
Quellen zitiert werden. Erfasst wird dies aber nur, wenn beide Elemente, die Marke

Abb. 9.2 Quelle: http://www.
tumblr.com/tagged/natostrap

Abb. 9.3 Quelle: http://www.
tumblr.com/tagged/natostrap

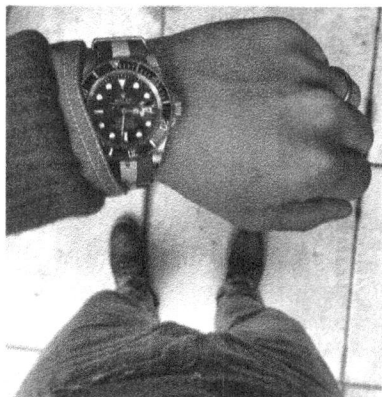

Abb. 9.4 Quelle: http://www.
tumblr.com/tagged/natostrap

und ihre Verfremdung, im Algorithmus des Suchprogramms kombiniert sind –
vorher. Das war möglich, weil es den durch den Film gesetzten Impuls für diesen
konkreten Prozess gab. Aber das Beispiel hat darüber hinaus, wie wir in der wissenschaftlichen Arbeit sagen, auch einen *strukturellen* Aspekt. Es verweist auf ein

Prinzip, das sich in beliebigen Produkten und ihren Variationen zu erkennen gibt, den spielerischen Bruch mit klassischen Modulen der Alltagsästhetik.

Selbst dann aber, wenn man das Prinzip an unterschiedlichen Beispielen identifiziert, ist seine Bedeutung nicht berechenbar. Um die Frage konkret zu stellen: Wie viele Daten hat ein Bild (und hier sind nicht Pixel gemeint, sondern qualitative Daten)? Die Antwort kann nur lauten: So viele, wie durch die unzähligen Interpretationen der einzelnen Betrachter entstehen. Aber es gibt noch eine *zweite Interpretationsebene*. Gehen wir davon aus, dass ein sich stetig verbreiterndes, bildhaft inszeniertes Phänomen tatsächlich eine verallgemeinerbare *tiefere Botschaft über die Dynamik des Konsums* enthielte: Wäre die Konsequenz, dieses Produkt nun herzustellen, wie es bei der Tudor (Zweitmarke von Rolex) bereits mit der *Heritage Chrono Blue* geschehen ist? „Launching in U.S.A. for the first time later this year, the Tudor Heritage Chrono Blue comes on a steel bracelet with an interchangeable fabric strap. Looks great both ways." (http://www.selectism.com/2013/04/24/tudor-heritage-chrono-blue-at-basel-world-2013/).

Oder müsste man sich eher fragen, *wofür* das Prinzip steht und welche Position das eigene Produkt in diesem Zusammenhang bekleiden könnte? Sicher ist nur, dass solche Beobachtungen auf ihre Bedeutung für das jeweilige Unternehmen hin interpretiert werden könnten, und sei es nur, um die Ästhetik des Web-Auftritts zu bestimmen.

Aber dieses Beispiel verweist auf eine ganz andere Aufgabe, die mit Big Data-Research in Angriff genommen werden kann: auf die Entwicklung einer *soziokulturell fundierten Theorie des Konsums*, des Zusammenspiels von Individuen und Geschmackskulturen, die sich in einer unübersehbaren Sammlung von Daten selber erschaffen und inszenieren. Es handelt sich um den größeren Zusammenhang, in dem die Daten gesehen werden müssen oder, wie man sagt, um ein größeres Bild: the Big Picture.

Die Aufgabe ist die Entdeckung eben *jener* Algorithmen, die sich nicht mehr formal, kybernetisch, mathematisch oder systemtheoretisch äußern und routinehaft darstellen lassen, sondern als biologische und kulturelle Steuerungsmechanismen *realen* Verhaltens nicht deterministische Folgen haben. Mit Hilfe dieser Idee soll die sich selbst erzeugende Dynamik der *inhaltlichen Erzählungen*, die das Web konstituiert, erfasst werden.

Diese Erzählungen vollständig zu begreifen ist unmöglich, obwohl sie sich im 3W-Universum in jeder Sekunde in bereits aggregierten Datensätzen (sozusagen in Konsum gewordenen Theorien) äußern, in Bildern und Texten von Kleidung und Wohnung, Autos und Essen, Reisen, Haustieren, Paraphernalia des Alltagslebens wie Einstecktüchern, Uhrarmbändern und – was sicher im Bild aufgefallen ist – Armbänder an männlichen Handgelenken sowie Tätowierungen und vielem mehr.

So vollzieht sich ein Spiel mit Modulen und Variationen, als ein unterhaltsamer Anschauungsunterricht für die aus sich selbst heraus entstehenden Geschmackskulturen, die thematische Milieus erzeugen, durch Nachahmung („Gefällt mir") und bewusste Negationen. Vor allem auch die: Denn diese Bilder der gebrochenen Ästhetik von Luxusmarken stehen im 3W-Universum ja in einem signifikanten Gegensatz zu den Postings, die die gleichen Uhren in ihrer unangetastet klassischen Form zeigen und illustrieren, wie Individuen permanent Überraschungen erzeugen – und das keineswegs mit nur in den algorithmisch vorgegebenen Strukturen, sondern im Spiel mit den inhaltlichen und in der Regel durch Bilder ausgetauschten Informationen, die eigentlich kulturelle Statement sind und weit über die jeweiligen Produkte hinausweisen. Man findet also etwas, das für die weitere Arbeit eines Unternehmens, für Strategien oder Marketing, Vertrieb oder Entwicklung von Interesse ist. Der interessanteste Aspekt an dieser Beobachtung ist aber der, dass sich die Prozesse simulieren lassen.

Trouver avant de chercher **10**

▸ Das Plädoyer, sich auf die Eigendynamik der Entwicklung von Geschmackskulturen und mithin Marktimpulsen im World Wide Web einzulassen und nicht dem nun algorithmisch eingekleideten Zahlenzauber zu verfallen, bestimmt die Argumentation des letzten Kapitels. Sein Motiv ist einfach: Für eine innovationsorientierte Wirtschaft ist es wichtiger, Unerwartetes zu finden, als eine mathematisch verengte Spurensuche nach Variationen des Vertrauten zu entwickeln. Es geht dabei nicht um Zufallsfunde, sondern um das Verständnis für die latenten Betriebssysteme der Märkte. Die sind kultureller Natur. Und nie zuvor ist es leichter gewesen, sie zu beobachten: Sie dokumentieren sich im Random Copying-Prozess des 3W-Universums. Dabei zeigt sich, dass die Idee vom Ende der Theorie durch Big Data Research wenig produktiv ist. Der mathematische Beitrag ist genial: Er zeigt die Grenze der Berechenbarkeit und die Bedeutung der Interpretation. Daraus resultiert zwingend, dass die Trennung zwischen so genannten Hard und soft Skills ein ziemlicher Unsinn ist. Gerade jetzt ist neben der mathematischen Intelligenz die beschriebene Kompetenz unerlässlich, in den Daten Erzählungen für die Zukunft zu erkennen. Vor allem, wenn diese Daten in Bildern verborgen sind. Das Methodologische Intermezzo 5 führt nun – etwas breiter angelegt – bildhaft an einem konkreten Projekt vor, wie sich aus einer fokussierten Frage Perspektiven auf neue Aspekte, Zusammenhänge, Konstruktionen und Rekonstruktionen, auf Galaxien, Mentalitätsmilieus, Geschmackskulturen und Märkte und ihre Dynamik ergeben.

H. Rust, *Fauler Zahlenzauber*,
DOI 10.1007/978-3-658-02517-5_10, © Springer Fachmedien Wiesbaden 2014

Abb. 10.1 Loft von Jielde
(1950). Quelle: http://www.
stylefrenchantiques.com/
pages/JIELDE.html

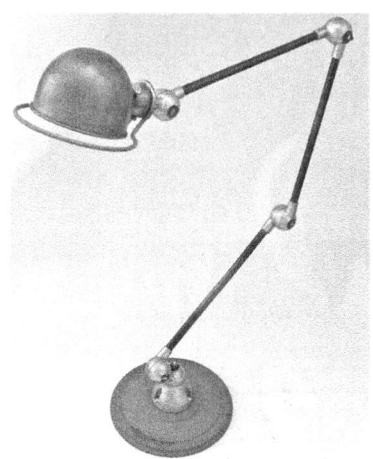

10.1   Verborgene Erzählungen im 3W-Universum

Es braucht also *Interpreten*, es braucht die *hermeneutische* Kompetenz, das *Talent*,
etwas zu sehen, das mit der „eigentlichen Sache" auf den ersten Blick nichts zu
tun hat, sich dann aber doch als richtungweisende Nebensächlichkeit erweist. Ich
will nicht verhehlen, dass solche Entdeckungen dem Zufall unterliegen können,
dass also, um ein Beispiel zu nennen, einer studentischen Mitarbeiterin bei der
systematischen Durchsicht der Bilderwelten zu einem bestimmten Thema (siehe
das Methodologische Intermezzo 5 im Anschluss) in den Blogs eine Lampe auffiel,
die eine hier und da platzierte Beigabe eines bestimmen Wohnstils war, sich dann
aber in einem Random Copying-Prozess zu einer Ikone mit eigener Aussagekraft
entwickelte. Es handelte sich um die *Loft* von Jielde, 1950 erdacht und entworfen als
Werkstattlampe vom französischen Designer Jean Louis Domecq (Abb. 10.1).
    Die *Loft* dokumentiert eine Art Unbekümmertheit, wenn sie als Gebrauchs- und
Gebraucht-Gegenstand in Wohnungen platziert ist. Sie verbreitet eine bohèmear-
tige Atmosphäre und fügt sich in das Informel der sonstigen Einrichtung eines
bestimmten, mittlerweile in den einschlägigen Blogs sich dokumentierenden Web-
Milieus: zunächst *theselby.com*, dann *freundevonfreunden.de*, deren Betreiber erst
auf die typische Ästhetik der Berliner kreativen Szene konzentriert war und sich
nun auch globalisiert hat.
    So ging das weiter mit der Brechung der legitimierten Habitusformen des Woh-
nens: Man pflegt offensichtlich eine bestimmte Art, die auf dem Markt *nicht* allzu
bekannte *Kunst* zu inszenieren, die sichtliche Absage an die klassischen *Einbau-*

und *Designer-Küchen,* die Abweichung von der normierten Loft-Möblierung mit *Eames Chairs, Barcelona-Sesseln, Le Corbusier*-Liegen – also im Prinzip Äquivalente der Strategie, die sich in der Brechung des Statussymbols *Rolex* durch das Stoffarmband andeutete. Das ist eine schöne Interpretation, Man muss nur drauf kommen. Man muss sie finden. Was am ehesten dann geschieht, wenn möglichst unterschiedliche Geister die vorbereitende Beobachtungs*aufgabe* mit ihrer unterschiedlichen Beobachtungs*gabe* erfüllen.

Diese Methode führt allerdings unter praktischen Gesichtspunkten in ein Dilemma: Die fortwährende Surferei um das eigentliche Thema herum führt irgendwann zum *Verlust der Fokussierung.* Man verliert sich einfach, was statistisch leicht nachzuvollziehen ist: Wenn man nur die Zahl jener Blog-Spots und -Plattformen summiert, die hier beispielhaft oder beiläufig erwähnt worden sind, wird man nach den einschlägigen Meta-Websites leicht auf 300 Mio. kommen. Wie viele Milliarden Postings mit wie viel zig Milliarden Modulen im Random Copying-Prozess an jedem Tag Innovationen schaffen, und ob diese Innovationen eine *Bedeutung* haben, sich also zu einer *Kaskade* auswachsen, ist nicht mehr zu analysieren, nicht zu berechnen und schon gar zu prognostizieren.

Also ist irgendwann die *Entscheidung* fällig, für eine statistische Analyse bestimmte repräsentative Elemente auszuwählen. Um diese repräsentativen Elemente überhaupt identifizieren zu können, ist wiederum aber der eben beschriebene Prozess unerlässlich. Denn wer sich darauf verlässt, dass die „Gefällt mir"-Daten und eine formale Analyse der algorithmischen Routinen einen Einblick in die soziale Wirklichkeit bieten, wird keine Signale wahrnehmen können, die außerhalb des Suchprogrammes gesendet werden. Damit wird aber der Anspruch von Big Data Research zunichtegemacht.

Das Dilemma ist also offenkundig: Innovationen sind, wie bereits ausgeführt, die Treiber der Wertschöpfung – ideell wie finanziell. Aber die herrschende Analysepraxis ist auf das Vorfindliche und seine kleinen (bereits realisierten) Variationen ausgerichtet. Der Zahlenzauber erschöpft sich in seinen kleinen Modulationen und fundiert nichts Anderes als einen *Almanach* mit immer wieder gleicher Grundstruktur. Doch hat sich gezeigt, dass in der Wirklichkeit Quantensprünge an der Tagesordnung sind.

Daher ist es wichtig, die unterschiedlichen Bezugsrahmen zu erfassen, in denen sich auf unendlich verschiedenartige Weise alltagskulturelle Ausdrucksaktivitäten entwickeln. Es ist die Analyse eines Prozesses, der in seiner Dynamik weder direkt zu beeinflussen noch prognostizierbar ist. Dennoch ist dieser undurchschaubare Prozess irgendwie logisch, determiniert, man könnte ihn als *strukturalistisch* organisiert bezeichnen. Das bedeutet, dass die Analyse über die konkreten Inhalte hinausreichen muss, um die tieferliegende Struktur zu entdecken, nach der sich diese Inhalte organisieren.

Diese Idee einer „Latent Structure" ist nicht neu. Sie prägt, aus statistischer Sicht, die Methodologie der „Latent Structure Analysis", wie sie unter anderem von Paul Lazarsfeld 1950 im Aufsatz „The Logical and Mathematical Foundations of Latent Structure Analysis" begründet wurde. Eine Skizze der konkreten Vorgehensweise findet sich unter

http://www.people.vcu.edu/~nhenry/LSA50.htm.

Eine qualitative, also nicht mathematische Vorgehensweise prägt, aus theoretischer Sicht, zum Beispiel die seit den 50er Jahren entstandenen ethnologischen und ethnographischen Studien Claude Strauss' zu den globalen Grundlagen der unterschiedlichsten Kulturen. Lévi-Strauss führte letztlich, um etwas verkürzt auszudrücken, alltagskulturelle Ausdrucksaktivitäten auf das Prinzip der binären Kodierung zurück. Buchtitel wie „Das Rohe und das Gekochte", „Der nackte Mensch" (im Unterschied zum bekleideten), vor allem aber „Der Weg der Masken" und die Analyse der Mythen der Welt („Mythologica") boten sich Lévi-Strauss als Belege einer quasi-algorithmischen Ordnung von Inhalten, die zwar in geradezu unendlich erscheinender Differenzierung auftauchten, aber auf einer tieferen – eben strukturalen – Ebene doch unübersehbare Äquivalenzen zeigten. In diesem Fall sind nähere Informationen auf der Wikipedia Site sehr aufschlussreich, um diese Theorie in ihren Grundzügen zu erfassen:

http://de.wikipedia.org/wiki/Strukturalismus.

Der Unterschied zwischen Lazarsfeld und Lévi-Strauss war der zwischen Zahlen und Erzählungen: Lazarsfeld machte sich die systematische *Suche* nach latenten Strukturen oberflächlich zu beobachtender Ausdrucksformen zur Aufgabe, Lévi-Strauss *fand* diese Strukturen in den ungeschriebenen Texten der kulturellen Konventionen.

Er hatte sie nicht gesucht.

Er war einem Prinzip gefolgt, das in einer französischen Redewendung, die unter anderem dem Soziologen Raymond Aron (nach meiner Erinnerung in einem Interview im *Figaro Magazin* der 60er Jahre) vor allem aber Picasso zugeschrieben wird, das sogar eine stehende Redewendung begründet hatte: „Trouver Avant de Chercher". Die Begründung des Malers lautete: „Suchen – das ist Ausgehen von alten Beständen und ein Finden-Wollen von bereits Bekanntem im Neuem. Finden – das ist das völlig Neue! Das Neue auch in der Bewegung. Alle Wege sind offen und was gefunden wird, ist unbekannt."

Trouver avant de chercher Geben Sie das Zitat in die Suchmaschine ein, werden Sie aber nicht *Aron* oder *Picasso* als Erstes finden, sondern – einen Link, der auf *Google Now* verweist:

http://www.ideolog.fr/hitech/web/trouver-avant-de-chercher-avec-google-now-0616.html.

Allerdings folgt dann das genaue Gegenteil dessen, was Aron oder Picasso meinten – das Angebot nämlich, auf der Grundlage der algorithmischen Identifikation persönlicher Vorlieben der Vergangenheit auch in Zukunft täglich die Nachrichten zu übermitteln, die zu diesem Profil passen – auch wenn man nicht danach sucht. Das Gegenteil also dessen, was das Sprichwort in seinem Ursprung erfassen wollte – die Bereitschaft, sich täglich auf das Abenteuer von *Impulsen, Turbulenzen, Wild Cards, Black Swans,* von *Zufällen* und vermeintlichem *Chaos* einzulassen, ihre innere Logik zu ergründen und innovativ auf die Herausforderungen zu reagieren, die sich stellen, um dann die diesen Informationen innewohnende *Struktur* und mit ihr die *Theorie* zu finden, mit der sie erklärt werden kann. Was *Google plus* und andere Content Provider anbieten, ist eine bemerkenswerte Dienstleistung, so wie vor der Zeit des Internet die *Clippings*, Zeitungsausschnitte, meist von Praktikanten an die Kommunikationsabteilungen der Unternehmen geliefert, die den Chefs dann vorsortierte Informationen zukommen ließen.

Es wäre aber anders denkbar und sogar sehr reizvoll – den Algorithmus für einen Content Provider zu entwickeln, der bislang auf der Grundlage der Identifikation des habituellen Nutzerprofils gerade solche Nachrichten übermittelt, die *nicht* erwartet werden: „Sie haben sich zwar noch nie für die Konflikte zwischen dem Sudan und seinen Nachbarstaaten interessiert, es wäre aber wichtig, das mal zu tun. Daher senden wir Ihnen heute Nachrichten dazu."

Mathematisch wäre das kein Problem.

Es ist auch inhaltlich kein Problem und wird ja mitunter auch lustvoll inszeniert, etwa im berühmten und stilbildenden Mode-Blog von Scott Schumann *thesartorialist.com*, wo anfangs unauffällig, aber unübersehbar neben dem Kernthema der alltäglichen Variation von Moden immer wieder und immer häufiger spielerisch zwei Elemente eingefügt waren: Viele der abgelichteten Personen fuhren *Fahrrad*, viele *rauchten*. Die Bikes sind mittlerweile zu einem eigenen *Stichwort* zusammengefasst. Ob das nun eine Botschaft sein soll oder nicht, ist völlig unerheblich. Sie sind ein Teil des alltagskulturellen Arrangements. Da lassen sich sicher noch ganz andere Selbstverständlichkeiten finden. Man muss sie nur finden. Wie die *Loft* von Jielde. Trouver avant de chercher. Das heißt auch: die den Daten innewohnenden Botschaften zu dechiffrieren und ihren tieferen Sinn zu verstehen.

10.2   Grounded Theory und die Fragen an die Mathematik

Das nun ist eine seltsame Volte der Wissenschaftstheorie, die sich jetzt schon mehr-
fach andeutete: Wir sind wieder da, wo man vor Jahrzehnten schon einmal stand
– an der Schwelle des Übergangs von der vorgefassten Hypothese, die es empirisch
zu prüfen gilt, zur *Grounded Theory,* jener 1960 von den ethnologisch inspirierten
Sozialwissenschaftlern Anselm Strauss und Barney Glaser aus Chicago entwickelte
Idee, die sich in den Befunden abzeichnende Logik zu entdecken. Es war die erste
systematische Idee der Suche nach einem „kulturellen Algorithmus", der sich in
konkreten alltagskulturellen Äußerungen, in Habitusformen, Produkten, Produkt-
arrangements, Lebenswelten und Geschmacksdokumentationen offenbart – de-
konstruktivistisch einerseits und andererseits in bildhafter Kontextualisierung.

Strauss schrieb damals: „Ich habe immer wieder diese Leute in Chicago und
sonstwo getroffen, die Berge von Interviews und Felddaten erhoben hatten und erst
hinterher darüber nachdachten, was man mit den Daten machen sollte. Ich habe
sehr früh begriffen, dass es darauf ankommt, schon nach dem ersten Interview mit
der Auswertung zu beginnen, Memos zu schreiben und Hypothesen zu formulieren, die dann die Auswahl der nächsten Interviewpartner nahelegen. Und das Dritte sind die Vergleiche, die zwischen den Phänomenen und Kontexten gezogen werden und aus denen erst die theoretischen Konzepte erwachsen. […] Der Titel ‚the
discovery of grounded theory' zeigt schon, worauf es uns ankam, nicht wie üblich
mit Schullehrbüchern die Überprüfung von Theorie, sondern deren Entdeckung
aus den Daten heraus. ‚Grounded-Theory' ist keine *Theorie,* sondern eine Praktik,
um die in den Daten schlummernde Theorie zu *entdecken.* …" Das Zitat ist einem
sehr aufschlussreichen Interview entnommen:

> http://www.qualitative-research.net/index.php/fqs/rt/printerFriend-
> ly/562/1217.

Zu dieser Methode des Findens (Serendipität) bietet die unterhaltsame Literatur
zum wissenschaftlichen Fortschritt viele Anekdoten. Eine der schönsten stammt
von John Aubrey, den Robert K. Merton in seinem Buch „Auf den Schultern von
Riesen. Ein Leitfaden durch das Labyrinth der Gelehrsamkeit" (erschienen 1980
im damaligen Syndikat Verlag) zitiert: „Eine Frau (ich glaube in Italien) trachtete
danach, ihren Ehemann (der an Wassersucht litt) zu vergiften, indem sie in seiner
Suppe eine Kröte kochte; was ihn gesund machte: und bei dieser Gelegenheit ward
die Medizin gefunden." *Serendipität* nennt sich dieses unbeabsichtigte Verfahren,
eine überraschende Wende in den unbeabsichtigten Konsequenzen zielgerichteten
Handelns.

Erfolg im Marketing und mithin auch im Strategischen Issue Management lässt sich nicht allein als Ergebnis einer, wie auch immer definierten Gleichung ausdrücken, sondern ist (auch und vor allem) das Produkt einer inspirierenden gesamtgesellschaftlichen Atmosphäre, die Unsicherheit erträgt, ohne der Versuchung zu erliegen, sie jederzeit in die Matrix berechenbarer Outputs zu zwängen. Denn damit würde man die nicht berechenbaren Begleiterscheinungen ausblenden. Die sind aber neben den Berechnungen und vor allem als Interpretationshilfen für Bedeutung der Berechnungsergebnisse unerlässlich. Das ist wohl selten so schön ausgedrückt worden wie auf einer Konferenz von Nobelpreisträgern 2010, deren Botschaft die *FAZ*-Autorin Karin Hollricher im Juli 2010 so zusammenfasste: „Lasst uns an großen fundamentalen Fragestellungen arbeiten. Oder mit den Worten von Ivar Gieaver: ‚Let imaginative people work, let imagination flow – that's the best way.'"

Dieser Aufforderung folgte ein kleiner wichtiger, weil pragmatischer Zusatz: „Anwendungen finden sich dann automatisch."

Die Kombination dieser qualitativen Methode der allmählichen Verfertigung eines Modells zur Erklärung von wirtschaftlichen und gesellschaftlichen Prozessen mit der verbreiteten mathematisch begründeten wirtschaftswissenschaftlichen Statistik ist noch sehr verhalten. Bei der Suche nach Anwendungsmöglichkeiten ist mir nur eine konkrete Studie untergekommen, eine preisgekrönte studentische Arbeit aus dem Jahre 2006: „Combining Quantitative Methods and Grounded Theory for Researching E-Reverse Auctions".

(http://librijournal.org/pdf/2006-3pp133-144.pdf).

Normalerweise wird die Grounded Theory in der eher kritischen Wirtschaftswissenschaft eingesetzt, die sich unter dem Sammelbegriff der „heterodoxen" Theorie firmiert. Unter dem Titel „Critical realism, grounded theory, and theory construction in heterodox economics" hat Frederic Lee, ebenfalls ein Student, die einschlägigen Arbeiten einmal zusammengefasst. Das Ziel ist die Relativierung des mathematischen Mainstreams. Auch dieses Papier ist verfügbar:

http://mpra.ub.uni-muenchen.de/40341/1/MPRA_paper_40341.pdf.

Die Bewegung, auf die Lee anspielt, eine Gruppe, die sich als Verfechter einer „postautistischen Ökonomie" bezeichnet, entstand im Jahr 2000, als einige hundert Studierende des Wirtschaftswissenschaftlichen Fachbereichs der Pariser Universität in einer Petition einen stärkeren Bezug ihres Studiums zur Realität forderten

(http://www.paecon.net/PAEtexts/a-e-petition.htm).

Die Bewegung ist heute weltweit verbreitet und pflegt eine rege publizistische Diskussion, an der sich zusehends auch Vertreter der Mainstream-Ökonomie beteiligen. Zu dieser Auseinandersetzung mit den mathematischen Wurzeln der neoklassischen Modelle und der konstruktiven Weiterführung vor allem zu einer stärker empirische ausgerichteten Wirtschaftswissenschaft und -praxis siehe die Online-Zeitschrift

http://www.paecon.net/PAEReview/.

10.3 Innovationen, Märkte und ihr kultureller Bezugsrahmen

„Let imagination flow": Das heißt, dass als volkswirtschaftliche Rahmenbedingungen, die ja offensichtlich innovationsbeschleunigend sein können, neben den Förderungen von Schwerpunkten, der Konstruktion von Clustern, der Mittelvergabe und der Forschungskoordination auch die kulturelle Vielfalt der Auseinandersetzung mit Technik, die versteckten, inoffiziellen, abenteuerlichen Initiativen zu berücksichtigen sind und nicht nur die berechenbaren Effekte eines sich selber verstärkenden Prozesses der Cumulative Advantage. Mit anderen Worten: dass man die Bedeutung kultureller Vielfalt ohne berechenbaren Nutzen akzeptiert und, der Argumentation des vorangehenden Kapitels folgend, auch Wirtschaft als *Kultur*, Wirtschaftsmathematik mithin auch als eine *kultur*wissenschaftliche Disziplin begreift und *Kultur* als Fundament wirtschaftlichen Erfolgs, weil aus ihr die Quellen der Märkte entspringen.

Diese These vertritt zum Beispiel Michael Hutter, Direktor der 2007 am Wissenschaftszentrum Berlin für Sozialforschung gegründeten Abteilung „Kulturelle Quellen von Neuheit". In ihren „Uni-Protokollen" berichtet die Technische Universität Berlin bereits im Dezember 2008 über die Arbeit Hutters und seines Kollegen Lutz Marz. Die Kernthese der Wissenschaftler sei „kühn", so das Informationspapier. „Manchem Ingenieur mag sie gar provokant erscheinen: Nicht die technische Lösung eines Problems bestimmt, ob sich eine Erfindung durchsetzt. Vielmehr beeinflussten dies Faktoren, die weitgehend als kulturell zu bezeichnen sind – Lebenskulturen wie die kreativen Milieus in Städten, Gemeinschafts- und Organisationskulturen wie Firmenkulturen und Professionskulturen, also Kulturen innerhalb eines Berufsstandes, oder Ausdrucks- und Reflexionskulturen wie in der Kunst." (http://opus.kobv.de/zlb/volltexte/2008/7073/pdf/pt_materialien_5.pdf).

Boris Gruys zum Beispiel hat die Geltung dieser „kühnen" These in seinem Essay über das „Neue" bereits umfangreich erläutert und illustriert. Soziologen wie Norbert Elias haben bereits vor Jahrzehnten in ihren Analysen des Zivilisationsprozesses und seiner Dynamik einschlägige Theorien gewagt. Dass es kulturelle Bedingungen sind, die das Neue auf geheimnisvolle Weise fördern, macht sich vor allem dann bemerkbar, wenn man sich die verschwiegenen Flops vor Augen führt, also Produktinnovationen, die aus unerklärlichen Gründen nicht erfolgreich waren. Autos wie der Ford Edsel oder der Tucker blieben erfolglos, ebenso die Bildplatte, der Wankelmotor, die als wehmütige Erinnerungen in diesem unterhaltsamen Beitrag wachgerufen werden. Man könnte den Trans-Rapid ergänzen, den Bahnhof Stuttgart, viele architektonische und künstlerische Beispiele, die nicht weniger wagemutig waren als das Gehry-Museum in Bilbao. Was zur Frage führt: Warum gab es diesen Erfolg in *Bilbao*, aber nicht in *Valencia* oder bei ähnlichen Bemühungen in *Galicien*? War Bilbao doch kein *Best Practice*? Kein Trend? Offensichtlich nicht für die Wiederholung eines konkreten Vorgehens nach der Gleichung „Spektakulärer Bau = Aufmerksamkeit = Tourismus = Devisen".

Noch deutlicher wird die – im umgangssprachlichen Sinne – Zufallsabhängigkeit des Neuen, wenn man Prognosen wagt. Was wird morgen sein? In der Chemie? Bei Werkstoffen? Auf dem Sektor der Mobilität? In der Medizin? Oder profaner: bei den Social Networks? Im Kampf um die „digitale Seele", wie die *Süddeutsche* am 17. November 2010 schrieb? Die Mutmaßung, dass gerade jetzt im Augenblick der Lektüre dieses Buches irgendwo das Neue von morgen entsteht, in irgendeiner Garage, ohne dass irgendjemand es bemerkt, ist nicht abwegig. Beispiele dazu finden sich im Methodologischen Intermezzo 5. Der „wahre Gegner" des Herkömmlichen, so die *Süddeutsche* weiter, sei nie sichtbar. Denn der wahre Gegner sei „die zündende Idee, die bisher noch niemand hatte".

Natürlich haben die Experten in den verschiedenen wissenschaftlichen Disziplinen Vorstellungen vom Neuen, von dem, was morgen verkäuflich sein könnte. Diese Vorstellungen sind aber selbst in ihrer Science Fiction-Version erkennbar *konservativ*, weil sie an die Kontexte gebunden bleiben, aus denen die jeweiligen Fantasten stammen – die Mediziner, Raumfahrtingenieure, Mathematiker, Neurologen, Biogenetiker und Software-Entwickler: künstliche Muskeln; Medikamente gegen Krebs; die Besiedlung des Mars; die Lösung bislang unlösbarer mathematischer Probleme; die Erklärung menschlichen Bewusstseins; virtuelle Lernumgebungen als Ersatz für Schulen; intelligente Autos; Energie aus Kernfusion; die Entschlüsselung der persönlichen DNA für weniger als 150 € – alles irgendwie eher Science *Faction* statt Fiction, ohne aufregenden Neuigkeitswert. Es sind vor allem Dinge, an denen längst gearbeitet wird. Selten findet sich eine Grenzüberschreitung in das völlig Unbekannte. Das gilt für die Praxis ebenso wie für die Wissenschaft.

Dabei zeigt eine Analyse der Vergangenheit – und darauf bezieht sich die Bemerkung der Nobelpreisträger in Lindau –, dass maßgebliche Innovationen in der Wirtschaft oft auch aus unerwarteten Quellen gespeist werden, aus Erfindungen und Ideen, die gar nicht wirtschaftlich gedacht waren, dennoch aber enorme wirtschaftliche Bedeutung erlangten. So wird allgemein folgende Liste an Beispielen für dieses Prinzip benutzt: Entdeckung Amerikas 1492; Röntgenstrahlung; Penicillin und Viagra; Sekundenkleber oder die kosmische Hintergrundstrahlung; Klettverschluss; Post It-Zettel; Teflon; Linoleum; Teebeutel; Nylonstrümpfe oder LSD; die Halbleitertechnologie der späten 40er Jahre, die auf ihr aufbauende Chip-Industrie und die ihr folgende Miniaturisierung der Computertechnologie in den Jahrzehnten darauf; medizinische Revolutionen wie die „Anti-Baby-Pille" in den 60ern; die demografisch sich plötzlich wie aus dem Nichts formierende Konsumgruppe der *Yuppies* in den 80ern; schließlich auch der geradezu religiöse Hype um die I-Produkte von *Apple*: Man kann davon ausgehen, dass es nie einen Fragebogen in der Marktforschung gegeben hat, auf dem ein „Proband" den Wunsch nach einem Gerät formulierte, das auf der Rückseite verchromt ist und auf dessen Vorderseite man mit den Fingern herumschrubben kann, um Informationen zu aktivieren. Es fehlte die technologische Fantasie, sich so ein Produkt überhaupt vorzustellen.

10.4   Wie Dinge, die keiner wollte, die Welt verändert haben

Im Rahmen der Projekte zum Strategischen Zukunftsmanagement haben, um dieser Spur der Innovationen ohne Auftrag systematisch nachzugehen, die studentischen Mitarbeiter eines weiteren Studienprojekts diese Liste zum Anlass genommen, unterschiedlichsten Vertretern akademischer Fachdisziplinen die Frage zu stellen: „Welche wissenschaftlichen Einsichten, die unabhängig von jeglichem wirtschaftlichen Auftrag erarbeitet worden sind, haben die Wirtschaft in den letzten 50 Jahren nachhaltig geprägt – das heißt auch: zu erfolgreichen Produkten und Dienstleistungen geführt?"

   Die Gesprächspartnerinnen und -partner dieses Begleit-Projekts waren Professorinnen und Professoren (und einige Personen des akademischen Mittelbaus) für Festkörperphysik, Wirtschaftswissenschaften, Wirtschaftswissenschaftliche Statistik, Produktionswirtschaft, Politische Wissenschaft, Verwaltungswissenschaft, Elektrowärme, Siedlungswasserwirtschaft und Abfallwirtschaft, Politikwissenschaft, Marketing, Arbeits- und Wirtschaftsrecht, Volkswirtschaft, Finanzwissenschaften, Freiraumentwicklung, Rechnungslegung und Wirtschaftsprüfung, Finanzmathematik, Geschichte, Kultursoziologie, Sozialpsychologie, Architektur und Landschaftsbau, Elektrotechnik und Informatik, Methoden der Sozialforschung, Empirische Wirtschaftsforschung, Sicherheit in der Informationstechnik, Mathematik (Schwerpunkt lineare Optimierung), Sozialpolitik – insgesamt 35 Personen, die sich in ausführlichen Erläuterungen mit der Forschungsfrage aus der Sicht ihrer Fachgebiete auseinandersetzten. Durchweg sehen die Befragten keine klaren Grenzen zwischen Grundlagenforschung und Anwendungsbezug. In einer Reihe von Erörterungen zeigt sich, dass der vordergründig unbeabsichtigte Nutzwerteffekt bestimmter theoretischer Modelle oder bestimmter Erfindungen sich erst aus anderen historischen Konstellationen ergab, als sie zum Zeitpunkt der Entdeckung herrschten. Genannt wurden Gender Studies und die psychoanalytische politische Psychologie; Programme, die die qualitative Sozial- sowie Marktforschung verändert haben wie MAXQDA, ATLAS.ti oder NVivo und die Audiotranskription von Interviews; Luhmanns Systemtheorie; die Ökologisierung wirtschaftlichen Denkens; mathematisch ausgerichtete Netzwerkanalyse; spieltheoretische Modelle; „Human Relations"; Umlageverfahren im Rentensystem; Humankapitaltheorie; Computer Aided Design (CAD).

Solche Erfindungen oder Einfälle, die den Erfindungen vorausgingen, erzeugten ihrerseits wieder kulturelle Veränderungen. Sie beeinflussten das Verhalten von Menschen, oft indirekt wie über die durch Rechnerunterstützung ermöglichte moderne Architektur und mit ihr neue Wohnformen und ästhetische Gestaltungsoptionen für Städte oder direkt durch die Geschwindigkeit der globalisierten Kommunikation und der Genese neuer übergreifender Milieus wie die der Apple-Gemeinde oder ihrer Kontrahenten auf Windows- oder sonstigen Formaten. Diese Einsichten eröffnen völlig neue Blicke auf die Dynamik der Innovation und neue Fragen, die dann erst die Berechenbarkeit der Probleme ermöglichten. „Welche Bedeutung entfaltet die Festlegung der Autobahntrasse in Santiago de Chile für die Identität und soziale Lage unterschiedlicher gesellschaftlicher Gruppen?", fragte zum Beispiel Daniela Althutter, die sich am Institut für Technikfolgenschätzung der Österreichischen Akademie der Wissenschaften mit derartigen Prozessen beschäftigt. Oder: „Wie ist es zu verstehen, dass die Nutzung von Anwendungen der Informations- und Kommunikationstechnologien neue Emotionen etwa bezüglich der Wahrnehmung von Geschwindigkeit hervorbringt? Wie materialisieren sich soziale Vorstellungen in Software?" Althutters amerikanische Kollegin Jane Bennett entwickelte in einem Arbeitspapier für die American Political Science Association bereits 2002 den Interpretationsansatz eines solchen „ökologischen Materialismus". Sie versteht darunter die Interpretation von sich selbst verstärkenden Prozessen, weil Produkte in bestimmten sozialen, kulturellen oder technologischen Kontexten unerwartete Funktionen, Positionen oder emotionale Zusatzwerte begründen, die *Thing-Power*. Mit diesem Ansatz sind viele der Beispiele, die im vorangehenden Teil zur Analyse des 3W-Universum genannt worden sind, unter einer Theorie zu subsumieren, die zwei Beobachtungsrichtungen vorsieht: Was tun Menschen mit Produkten? Was tun Produkte mit Menschen (http://www.allacademic.com/meta/p65032_index.html)?

Innovationen ohne Auftrag: Die Vermutung, dass in den Universitäten eine Menge „intellektuelle Garagen" verborgen sind, in denen zukunftsträchtige Produkte und Dienstleistungen ersonnen werden – und die möglicherweise über die

Präsentation in Seminar- und Prüfungsarbeiten sowie Dissertationen nicht hinaus-
kommen –, erscheint attraktiv genug, um eine systematische Suche nach solchen
Initiativen zu starten. Das Bundesministerium für Bildung und Forschung (BMBF)
beabsichtigt, mit einer neuen Förderlinie der Validierungsprojekte (BMBF-VIP)
die Lücke zwischen Grundlagenforschung und wirtschaftlicher Umsetzung zu
schließen, „basierend auf vielversprechenden Forschungsergebnissen, die nicht in
Zusammenarbeit mit der Wirtschaft erarbeitet wurden", so heißt es im Einladungs-
schreiben zu dieser Initiative.

Der Gedanke ist in der Tat faszinierend und selbst das Nebenprodukt gezielter
Bildungspolitik beispielsweise bei der Forcierung des Nachwuchses für das Inge-
nieurswesen, von der man sich wichtige Impulse für die Innovationstiefe und -ge-
schwindigkeit der bundesrepublikanischen Volkswirtschaft verspricht. Innovationen, die oft neue Arrangements aus klassischen Komponenten schaffen.

Das war dann auch der, wenn man so will, *Auftrag*, der sich aus dem oben skizzierten Projekt über die Haltung zur individuellen Mobilität und zum Auto ergab,
die aus mehr als 900 Befragungen und vielen intensiven Gesprächen destillierte
Botschaft an die Industrie. Der Befund war zunächst sehr irritierend. Fragt man
die jungen Leute danach, wie ihr Traumauto von morgen denn aussehen soll, ergibt sich eine Überraschung: Es ähnelt sehr den Modellen von gestern. Die meist
genannte Farbe ist Schwarz. Eine leistungsstarke Musikanlage und die Kompatibili-
tät mit der Smartphone-Technologie werden besonders betont. Als wir dann aber
auf die doch recht konservativen Vorstellungen verwiesen und nachfragten, drehte
sich die Perspektive und richtete sich auf die Kompetenz der Unternehmen: Zeigt
uns, was ihr könnt! Habt den Mut, eure technologischen Lösungen zu unterbrei-
ten, so wie es mit Katalysator- und Leichtbau-Technologie schon vorgeführt wurde.
Denn wir, die Kunden, wissen nicht, was technologisch möglich ist. Wichtig ist
nur, dass wir auch morgen die Freiheit genießen können, die immer mit dem Auto
verbunden war; vor allem aber, dass wir, wenn wir erst Familien haben, uns die
entsprechenden Produkte auch leisten können. Vor diesem Hintergrund bieten die
Träume, die sich in den unterschiedlichen Web-Milieus dokumentieren, interessante Einsichten in die Konstanz der ästhetischen Motive.

Das Produkt wird zum Element einer zukunftsgerichteten Erzählung, in der
klassische Werte bemüht werden: Freiheit, Familie, Sicherheit und finanzielle Ab-
sicherung, Mobilität, Reisen, aber auch, wie sich in den Interviews sehr deutlich
zeigt: Ästhetik, Design. Wenig utopische Revolutionen. Innovation vor allem als
zum Teil schon technologisch revolutionäres Mittel, möglichst alles beim Alten zu
lassen.

Was da geschieht, was in den Interviews und in den Befund-Tabellen sich offenbart, ist jene oben bereits beschriebene Managementmode, die seltsamerweise zur

gleichen Zeit, zu der sich viele Hoffnungen an den algorithmischen begründeten Automatismus der Big Data Research klammern, genau das Gegenteil verkauft: *Storytelling*.

Und dazu es braucht Mut, neben den Zahlen die Kultur der Erzählung zu pflegen, die über die Mustererkennung und ihrer rückwirkenden Systematisierung zur Erfindung neuer Geschichten immer nur das Alte reproduziert – vor allem deshalb, weil diese Erzählungen sich oft nicht den Mustern fügen, die den üblichen Zahlenzauber begründen. Diese Forderung stellt einen Bruch mit der Konvention dar. Das lässt viele junge Aspiranten auf Karrieren in der Wirtschaft verzagen. Einer der Kritiker dieser Tendenzen zur Marktrationalisierung der Intelligenz, Stephen Ziliak, Wirtschafts- und Sozialwissenschaftler am Georgia Institute of Technology der Emory University, und die bekannte Wirtschaftswissenschaftlerin Deirdre McCloskey, beklagen in einem gemeinschaftlich verfassten Buch: „Für die, die das Curriculum der Mikro- und Makro- und Metrics zimmerten und Forschungsgelder für die Mathematisierung der Wirtschaftswissenschaften akquirierten, war das Gerede der Historiker über Politik, Religion, Institutionen, Verlust der Freiheit, […] narrative Forschungsmethoden […], Zeugs aus der Geisteswissenschaft. Ein wahrhaftiger Wirtschaftswissenschaftler war ein Problemlöser, ein Rechenfreak" (Übersetzung H.R.). Dazu die interessante Kurzfassung der Argumentation:

http://www.deirdremccloskey.com/articles/stats/preface_ziliak.php.

Der Münchner Politikwissenschaftler und akademische Leiter der Bayerischen Eliteakademie Dieter Frey brachte es kurz darauf in der *Süddeutschen Zeitung* am 17. Mai 2010 noch einmal auf den bildungspolitischen Punkt. Er beklagte, dass der intellektuelle Diskurs in Deutschland vernachlässigt werde. „Viele Wissenschaftler denken zu wenig visionär und bemühen sich auch nicht, ihre Studenten dazu anzuregen." Was an den Universitäten versäumt werde, wiederholt sich nach Freys Beobachtung in den Unternehmen. „Das ist bedauerlich, weil die jungen Menschen sich rasch anpassen. Wenn sie merken, dass ihre Karriere schneller vorangeht, wenn sie die vorgegebenen Denkmuster nicht in Frage stellen, dann halten sie sich daran. Sie hören auf, neue Ideen zu entwickeln, das ganze kreative Potential geht verloren." Aber wie sollen die Denkmuster durchbrochen werden, wenn doch bereits die Formalitäten der alltäglichen Berufsanforderungen, eingefasst in ein Statussystem des sprachlichen Habitus, nur noch Fluchtpunkte *innerhalb* des eigenen Systems bieten, schon sprachlich? Ganz einfach: die *Soft Skills*. Bedauerlicherweise verschärft sich durch das vordergründige Verständnis dessen, was diese Soft Skills sein sollen, das Problem erheblich. Denn offensichtlich werden diese Soft Skills nur als wiederum formalistische und mithin berechenbare Zusatzqualifikationen verabreicht.

Leider steht zu befürchten, dass ein wichtiger Aspekt dabei aus dem Blick gerät: Denn das Problem ist nicht die Dominanz der *Mathematik*, sondern eben jene eingangs skizzierte *schlechte* Mathematik – die sich in vordergründigen Modellen des Marktverhaltens, auf Ertragserwartungen ausgerichteten Tabellen des Return on Investment, sich in Formeln über die Eintrittswahrscheinlichkeit bestimmter Risiken bei Aktienoptionen erschöpft und auf die Sortierung der Wirklichkeit mit Hilfe von Algorithmen verengt wird. Das ist, wie sich gezeigt hat, eine *unerlässliche* Voraussetzung für erfolgreiches Wirtschaften. Aber eben nur *eine* unerlässliche Voraussetzung. Eine andere ist die Fähigkeit, kulturelle Zusammenhänge als Ursachen künftiger Erfolge zu sehen und die Möglichkeiten ihrer Berechenbarkeit zu testen. Aber bevor man eben diese Berechenbarkeit testen kann, muss man die Dinge des Lebens in ihren komplexen Zusammenhängen sehen und verstehen. Was dann auch bedeutet, dass man die Finger aus den sich selbst erzeugenden Prozessen der Herausbildung von Geschmackskulturen raushält und den Versuchungen der Formatierung der Kommunikationsdynamik im 3W-Universum nach wirtschaftlichen Ertragsindikatoren widersteht.

Es ist der Mut, mit Unsicherheit umzugehen und aus ihr Impulse für die Gestaltung der Zukunft zu beziehen. Doch bedauerlicherweise hat das unausgesetzte Gerede von den *Soft Skills*, von Schlüsselqualifikationen oder Schlüsselkompetenzen und wie diese eigenartigen, selten klar definierten „extrafunktionalen Fertigkeiten" (Ralf Dahrendorf) sonst noch heißen, eine sehr funktionalistische Wendung angenommen. Das zeigt sich, wenn man zu definieren versucht, was denn eigentlich darunter zu verstehen sei.

10.5 Das Missverständnis der berechenbaren Soft Skills

In einem empirischen Praktikum, das Soziologie- und Pädagogikstudenten an der Universität Hannover absolvierten, konzentrierte sich das Interesse auf die personalpolitische Frage, was denn eigentlich die zu Hunderten und Aberhunderten immer wieder geforderten Schlüsselqualifikationen seien. Nach Monaten intensiver Analyse war die Gruppe von einer Antwort weiter entfernt als zu Beginn der Arbeit, ganz einfach, weil in einem sehr dezidierten Verfahren 107 verschiedene Begriffe gefunden wurden, die in zum Teil irrsinnigen Kombinationen als Persönlichkeitsmerkmale vorhanden sein sollten. Zum Beispiel: Belastbarkeit, Belesenheit, Durchsetzungsvermögen, Eigeninitiative, Emotionale Stabilität, Empathie, Entscheidungsstärke, Feedback-Bereitschaft, Führungsbereitschaft, Geistige Beweglichkeit, Gelassenheit, Kommunikative Kompetenz, Kundenorientierung, Leistungsbereitschaft, Lernfähigkeit, Motivationsvermögen, Organisatorische Klarheit,

Selbstkritik, Sozialkompetenz, Überzeugungskraft, Vertrauensbereitschaft und Zukunftsorientierung. Es war alles vorhanden, was sich die wildesten Fantasien ausmalen konnten. Diese Schlüsselqualifikationen wurden in der begleitenden Literatur als wichtige Elemente von *Talent* ausgegeben, das sich in der *Formatierung der Biografie* äußerte, aus der eben diese Soft Sills neben den Fachqualifikationen herausstächen. Der Begriff nun rückte als Bezugsrahmen die Schlüsselqualifikationen in ein größeres Konzept, das streng nach Vorschrift ablief, meist auf Rekrutierungsmessen, wo geradezu geklonte junge Männer und Frauen in grauem Business-Outfit in straffem Karriereschritt mit genagelten Absätzen Autoritätsgeräusche erzeugten und einstudierte Antworten gaben, die ihnen eine flugs installierte Soft Skill-Industrie antrainiert hatte. Es war (und ist) das Produkt einer Art „*Wie Sie*-Consulting", verabreicht von Abertausenden von Beraterinnen und Coaches. Eine Auswahl (http://katalog.trainers-excellence.com/):

- wie Sie Ihre Vision erarbeiten, Klarheit schaffen und Ihren Masterplan entwickeln;
- wie Ihre Mitarbeiter zum Umsatzturbo werden und nachhaltigen Unternehmenserfolg erzeugen;
- wie Sie von der Vision zu Aktion kommen und Ihre Ziele konsequent umsetzen;
- wie Sie Ihre Rollen in Firma und Familie erkennen, akzeptieren und koordinieren;
- wie Sie Perspektiven entwickeln, die Nachfolger und Übergeber gleichermaßen motivieren;
- wie Sie Ihren Masterplan der Nachfolge mit allen Beteiligten ausarbeiten, festlegen und Zukunft aktiv in die Hand nehmen;
- wie Sie sich selbst bewusst werden und Vertrauen in Ihr eigenes Denken und Handeln bekommen;
- wie Sie eigene Grenzen sprengen, über sich hinauswachsen und das erreichen, was Sie wirklich wollen;
- wie Sie mit Mut und nachhaltigem Handeln in die positive Aufwärtsspirale gelangen;
- wie Sie mit der 5S-Methode Suchzeiten verringern, Verschwendungen eliminieren und Bearbeitungszeiten reduzieren;
- wie Sie mit Prozess-Mapping Ihre Kernprozesse auf den Prüfstand stellen, optimieren und neu ausrichten;
- wie Sie mit Standardisierung verbesserte Office-Prozesse absichern und verankern;
- wie Sie Ihre Produktionsbereiche auf die sieben Verschwendungsarten überprüfen und Optimierungspotenziale erkennen;

- wie Sie anhand der Wertstromanalyse Durchlaufzeiten verringern, Qualität steigern und die Reaktionszeit zum Kunden erhöhen;
- wie Sie mit der SMED-Methode kleinste Losgrößen ermöglichen;
- wie Sie Ihre Mitarbeiter für den Veränderungsprozess gewinnen, eine Verbesserungskultur installieren und etablieren …

Konservativ geschätzt sind mehr als 10.000 weitere *Wie Sie*-Optimierungen in Konkurrenz zueinander im Angebot, jede etwa zwischen 500 und zwei bis dreitausend Euro teuer, manche erheblich teurer, je nach Prominenz des Vortragenden, wobei sich interessanterweise die Prominenz nicht immer an der Kompetenz bemisst, sondern oft irgendwelchen undurchschaubaren Analogieregeln folgt – insbesondere der, dass TV- oder Bestsellerlisten-Prominenz per se für das Management interessant wäre. So entsteht ein neuer Markt aus dem Nichts, auf dem schätzungsweise allein in Deutschland pro Jahr fünf Milliarden Euro umgesetzt werden.

Für den Hausgebrauch folgten dann in einem zweiten Schritt weitere Popularisierungen von zum Teil abenteuerlicher Metaphorik, in der Mehrzahl geschrieben von Leuten, die noch nie länger in einem Unternehmen tätig waren: „… für Manager". Die bereits erwähnten Studierenden stellten auch hier eine Hochrechnung an und kamen auf 2700 deutschsprachige Titel dieser Ratgeber aus dem Genre, das der unvergleichliche Karikaturist Gary Larson einmal auf die Spitze trieb. Ein offensichtlich nach heftiger Nacht wenig illuminierter junger Mann sitzt auf dem Bett und starrt auf einen Zettel an der Wand mit einem lebenspraktischen Ratschlag: „Erst die Hose, dann die Schuhe!"

Das ist bedauerlich, denn der Grundgedanke der zu den harten Fachkenntnissen komplementären Qualifikationen ist wichtig. Er verweist auf die Einheit von qualitativen und quantitativen Fähigkeiten. Darauf, dass es im Grunde gar keine Differenzierung in Hard Skills und Soft Skills gibt – oder um es provokativ auszudrücken: dass gerade die *mathematische Kompetenz* der wichtigste Soft Skill ist; dass umgekehrt die *literarische Sensibilität* für die verborgenen Betriebssysteme der Wirklichkeit zu mathematisch lösbaren Fragen führt, beziehungsweise die Berechnungen an ihre (pragmatische) Grenze führt. Und dabei ist das *Nach*fragen, oder wie es früher hieß: *Hinter*fragen die wichtigste Übung. Was wortgetreu gemeint ist: eine Übung. Denn es geht nicht um die beckmesserische Besserwisserei, die alles und jedes in Frage stellt, sondern um die Eröffnung neuer Denkanstöße. Wie bereits im Kap. 4 angedeutet wurde, bezieht sich diese Idee auf den Prozess, den Mitchell Feigenbaum sich ausdachte, als er die Gleichungen auf seinem Rechner malträtierte: Was passiert, wenn wir ein Stück weitergehen? Und dann noch ein Stück? Und beobachten können, was passiert? Wenn wir also, wie es oben hieß, die digitalen Prozesse nicht mit anderen digitalen Prozessen erkunden, sondern mit dem in der täglichen Welt geschulten analogen Blick, mit Kommunikation, Diskurs, Diskussion, Debatten über die Bedeutung dessen, was wir sehen.

Nur auf diese Weise werden die Trends sichtbar, die im Methodologischen Intermezzo 3 beschrieben wurden: Was das Alter ist, wenn es sich nicht mehr vorrangig als Marketingziel eignet; was geschieht, wenn man das Geschlecht der Kinder bestimmen oder andere Medikamente entwickelt, die bisherige Gewohnheiten drastisch verändern. Was wird die Zukunft der Zukunft sein? Irgendwann gerät man natürlich in reine Spekulationen. Aber auch das ist wichtig. Nur wird man sehen, dass die Grenzen der Berechenbarkeit unter bestimmten Bedingungen sehr weit ausgedehnt werden können. Diese Bedingungen sind die klaren Informationen darüber, wie man zu bestimmten Fragestellungen gelangt ist und welche Module dieser Fragestellung in die statistischen Berechnungen aufgenommen werden. Dabei gerät eine der wichtigsten Schlüsselqualifikationen ins Blickfeld: eben die Fähigkeit, interessante Fragen zu stellen und gleichzeitig ihren konstruktiven Wert zu dokumentieren. Pragmatisch, also etwa im Marketing oder anderen unternehmerischen Ressorts, geht es noch um etwas anderes, um die Fähigkeit, in den Andeutungen nicht berechenbarer Prozesse einen Rohstoff zu entdecken, der gestaltet werden kann: Zukunft. Dann kann wieder der Versuch unternommen werden, Chancen auszurechnen. Ausgangspunkt aber ist die Fähigkeit, gemeinsam mit vielen unterschiedlichen Geistern das große Bild zu sehen, The Big Picture. Das nun folgende abschließende Methodologische Intermezzo wird einen solchen Versuch an einem konkreten Projekt skizzieren, das an unserem Institut vor zwei Jahren durchgeführt wurde.

Methodologisches Intermezzo 5: Big Picture Research

11

11.1 Storytelling in der Blogosphäre

Im Zentrum dieses Projekts standen die Einstellungen junger Konsumenten zur künftigen Mobilität unter besonderer Berücksichtigung des Autos. In diesem Zusammenhang stellte sich nach den bereits erwähnten zwei Befragungen mit insgesamt über 900 jungen Leuten zwischen 16 und 25 Jahren als eine der Fokussierungen die enorm große Bedeutung von Design und Ästhetik heraus. Stück für Stück verlor sich das Kernthema Auto in einem Universum von Kontextbezügen, das alles Erdenkliche umfassen konnte – obwohl wir in einer Art Simulation von theoriegeleiteter Big Data Research eigentlich beim Kernthema bleiben wollten. Aber es zeigte sich, dass das Auto kein Thema an sich ist: Autos sind immer Teil eines kulturellen Kontextes. Was übrigens nicht hieß – und bis heute nicht heißt –, dass das Thema tatsächlich so an Bedeutung verliert, wie viele Zeitgeistinterpreten nahelegen. Aufschlussreich sind 30 Gespräche, die im Buch „Das kleine Schwarze. Jugendliche Autoträume als Herausforderung für Management und Marketing" (VS Verlag) publiziert sind, geführt von Interviewerinnen und Interviewern, die im Schnitt um die 22, 23 Jahre alt waren und sich somit in die Vorstellungswelt ihrer Partnerinnen und Partner gut einfinden konnten.

Die Kontextualisierung des Themas, die sich in diesen Gesprächen andeutete, vertiefte sich in der Web-Analyse. Sie ergab sich *unbeabsichtigt*, wie das gleich folgende (nur in Auszügen dokumentierte) Iterations-Protokoll unseres Vorgehens belegt. Das Ergebnis offenbart, dass eine rein algorithmische Analyse von Konsumgewohnheiten, Produktnutzung und artikulierten Bedürfnissen niemals für ein realistisches Bild ausreicht. Die klassischen Social Media wurden übrigens zunächst einmal nicht einbezogen, weil erst einmal die Kommunikation zu großen Teilen nicht öffentlich ist, also auch nicht systematisch untersucht werden kann. Wichtig für den Prozess, der weiter unter dem Begriff des Random Coyping beschrieben wurde, ist der freie Zugangs zu Inhalten, also den Blogs und Foren, die oft in en-

H. Rust, *Fauler Zahlenzauber,*
DOI 10.1007/978-3-658-02517-5_11, © Springer Fachmedien Wiesbaden 2014

ger Verbindung mit den Social Media spielerische Variationen der alltagskulturellen Ausdrucksaktivitäten dokumentieren – und dies in der Regel mit Fotografien. Weltweit werden in den einschlägigen Blogs Milliarden solcher Bilder gepostet und weiterverbreitet. Man kann die Wege, wie im Methodologischen Intermezzo 4 am Schluss schon beispielhaft angedeutet, recht gut verfolgen. Im Ergebnis offenbart sich eine *Erscheinungskultur*, die sich in Milliarden von Bildern äußert (Anmerkung: Ich weiß, dass dieser Begriff nicht neu ist, kann die Originalquelle aber zurzeit nicht identifizieren). Die Beobachtung gilt aber dem Prozess, der diese Erscheinungskultur formt.

Wie also findet man nun thematische Blogs?

Der erste Impuls wäre nun, eine automatisierte Big Data-Routine zu erzeugen, die das Web nach Indizien für bestimmte Muster durchkämmt. Damit wäre allerdings das Problem entstanden, nicht Anderes zu *finden* als das, was zuvor als Teil der Routine definiert worden wäre. Um dies zu vermeiden und das Motiv des *trouver avant de chercher* zu verwirklichen, begab sich die einschlägige Gruppe der studentischen Mitarbeiter (und nun darf das hier auch einmal gesagt werden) *Rundreise* durchs 3W-Universum.

Der erste Schritt, der in dem hier skizzierten Projekt getan wurde, war der Versuch der Erfassung der themenbezogener Websites mit Hilfe übergeordneter Monitoring- und Examiner-Seiten. Solche Suchadressen sind etwa

http://heatkeys.com

oder

http://www.elcario.de/social-media-monitoring-tools-im-ueberblick/376.

Diese auf den ersten Blick recht einfache Zugangsweise kompliziert sich allerdings, weil die Zahl der Meta-Websites zur Suche nach thematisch fokussierten Websites ihrerseits so hoch ist (und zum Teil kostenpflichtig, vor allem, wenn es um Angebote zur Lösung der Big Data-Probleme geht), dass eine Auswahl erneut dem Zufall unterliegt. Wieder weiß man nicht, wo die Grundgesamtheit zu definieren ist und ob man daher nicht bestimmte Nischen übersieht, in denen zukunftsträchtige Aktivitäten versteckt sein könnten. Eine Zusammenstellung unter

http://wiki.kenburbary.com

dokumentiert das Problem.

Bei der Eingabe beispielsweise von „Future Cars" bei *heatkeys.com* lässt sich dieses Overchoice-Problem trefflich illustrieren: Da stößt man zum Beispiel auf das Ergebnis

http://heatkeys.com/evworld.com,

also auf die Website

http://evworld.com.

Von da aus eröffnen sich neue Pfade auf eine unübersehbare Vielzahl von Sites, die sich mit *Elektro-Mobilität* beschäftigen. Tag-Words wie „Electric Mobility", „Carless" oder „Futurecars" etc. verweisen auf Hunderttausende, oft Millionen Quellen, die dann in jeweils Hunderten bis zu mehr als 1000 Websites gefunden werden können. Die Sammlung von Sites, die auf diese Weise entsteht, bleibt dennoch immer zufällig und von der Fokussierung der jeweiligen Forschungsgruppe abhängig. Nur wenige Beispiele sollten diese thematischen Galaxien im 3W-Universum verdeutlichen:

http://www.zukunft-mobilitaet.net/about
http://www.spin.de/forum/716/-/3649
http://www.jungesportal.de
http://futuremobility.blog.de/2010/06/27/zukunftsmusik-leisen-toene-8872194
http://digg.com/search?submit=&q=cars
http://www.zeit.de/auto/2011-04/renault-elektrofahrzeug-twizy

Wir fanden ungezählte und vermutlich auch unzählbar viele Websites mit der Fokussierung auf Autos selbst, in Fotos, Blogs und Community-Sites in jeder erdenklichen Zurüstung:

http://car-holic.com
http://carscarscars.blogs.com
http://chromjuwelen.com.de
http://erotikcar.blogspot.com
http://carpr0n.tumblr.com
http://prestigecars.tumblr.com
http://eyegasmiccars.tumblr.com
http://carscoop.blogspot.com
http://www.wired.com/autopia

Zufällig oder unausweichlich stieß die einschlägige Research Unit auf eine Galaxie von Blogs und Community-Sites, die sich zwar mit Autos beschäftigten, dies aber aus den Blickwinkeln ganz anderer Themen. So beschäftigt sich eine Reihe von „Selbsthilfe"-Sites mit den Problemen typischer Lebensabschnitte wie etwa der so genannten „Quarterlife-Krise", einer Phase der Desorientierung von 20-Jährigen, ein Thema, das mittlerweile auch eine deutsche Dependance beschäftigt. Autos sind hier nur kontextuelle Anreicherungen (wie wir es nannten) oder Nebenthemen, aber immerhin – präsent:

http://jalopnik.com/5764233/whats-the-perfect-quarter+life+crisis-car
http://www.primermagazine.com/2011/live/quarter-life-crisis-2

Als nächstes erweiterte sich die Perspektiven auf so genannte *Parental Blogs*, Foren also, auf denen sich *Eltern* von Jugendlichen über Erziehungsfragen austauschen, darunter auch über die bedeutsame Frage, wann es Zeit ist, den Kindern das Autofahren zu erlauben oder ihnen gar ein Auto (und wenn, dann welches?) zu kaufen:

http://www.cafemom.com/group/101187/forums/read/14056561/Teens_and_Cars
http://teensafedriving.org/blog/

Es fanden sich Blogs „für alle, die auch ohne Auto zurecht kommen", für „Fans von Straßen, aber von solchen Straßen, die ohne Autos zurecht kommen, [...] für alle Verkehrsmittel, die ohne fossile Treibstoffe auskommen…":

http://carlessohio.org
htttp://carlessinchicago.com
http://carlessbrit.tumblr.com

Eine Reihe von Beispielen zeigt weiter, dass Autos als kontextuelle Anreicherungen auch in solchen Blogs selbstverständlich waren, in denen es um Design, Wohnen, Kochen, Reisen oder schlicht um Ästhetik und Design geht, wobei das übergeordnete Thema die Mode darstellt, also die Inszenierung der Persönlichkeit durch Kleidung und Accessoires im öffentlichen Raum. Man kann sich das anschaulich verdeutlichen, wenn man auf Design und Ästhetik orientierte Sites (aus sehr unterschiedlichen Milieuperspektiven) verfolgt, auf die man unweigerlich stößt, wenn man den Iterationsprozess vorantreibt:

Abb. 11.1 Porsche
356. Quelle: http://
carpr0n.tumblr.com/
post/14016827055/master-
of-style-starring-porsche-
356-by

Abb. 11.2 Porsche 356.
Quelle: http://www.tumblr.
com/tagged/porsche+356

http://driven.urbandaddy.com
http://theconstantskept.tumblr.com
http://www.freundevonfreunden.de
http://www.yatzer.com
http://thepursuitaesthetic.tumblr.com

Zudem gibt es eine schier unüberschaubare Zahl von Lifestyle-Blogs im *Tumblr*-
Netzwerk. (Diese Informationen aus dem Iterationsprotokoll stammen aus den
Jahren 2011 und 2012, es könnte sein, dass die eine oder andere Website nicht mehr
existiert. Zitiert werden die Bildbeispiele in dieser Analyse nach einzelnen Fund-
orten im 3W-Universum.).

Auffällig ist schon nach einer ersten Analyse die Bedeutung der *Klassiker* in
dieser Szene. Eine der meist geposteten Design-Ikonen ist der *Porsche 356*. Ein Beispiel, dem wir im besagten Projekt gefolgt sind (und zwar über mehr als hundert
Web-Kontexte), ist Abb. 11.1.

Unzählige Variationen des Grundmotivs Porsche 356 veranschaulichen die
Kontextualität dieses Motivs (siehe Abb. 11.2, 11.3, 11.4 und 11.5).

Das Spiel mit einem Modul, in dem sich die Aktivität in diesem Blog-Netzwerk
sehr gut nachvollziehen lässt, kann mit anderen Design-Ikonen fortgesetzt werden.

Abb. 11.3 Porsche 356.
Quelle: http://jakescar-
world.blogspot.de/2012/11/
james-dean.html

Abb. 11.4 Porsche 356.
Quelle: http://www.tumblr.
com/tagged/porsche+356

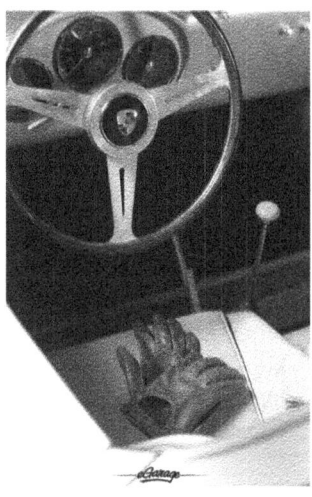

Denkbar wären Linien mit Alfa Romeos, Ferraris, Porsche 911 oder auch mit Jagu-
ars, vor allem der frühen Modelle des XK 120.

Die nächste Beobachtung ist nun, dass es sich hier um leicht erkennbare einzelne Produkte handelt. Doch es wird sehr schnell klar, dass diese Art der Darstellung
einen dekonstruktivistische Charakter besitzt. Die katalogisierte Sammlung von
Produkten, die im realen oder erträumten Alltag eine Rolle spielen, spielen sollten
oder spielen könnten ist in unendliche viele Einzelteile zerlegt. Interessant ist, wie
dieses Spiel weitergeht. Das Referenzfoto vom Porsche zeigt schon, dass nicht das
ganze Auto gezeigt wurde, sondern nur ein Teil, der Volant. Dieses Teilelement
wird zu einem eigenen Genre der Konzentration auf – ja was?

Jetzt beginnt die *Interpretation.*

Der andere Weg führt in die Platzierung des Autos in einen Kontext, der es assoziativ anreichert (beziehungsweise den es seinerseits assoziativ anreichert). Diese

Abb. 11.5 Porsche 356.
Quelle: http://www.tumblr.
com/tagged/porsche+356

Abb. 11.6 Porsche
Speedster. Quelle: http://
porsche356registry.
org/356talk/1/16462.html

Kontexte werden aus weiteren Produkten konstruiert, die die gleichen ästhetischen Standards verfolgen: Kleidung, Uhren, Wohnungseinrichtungen, Brillen, Männer- und Frauen-Typologien, Reisen, Architektur, Geldanlage. Vor allem aber drücken sich in diesen Bebilderungen denkbaren Konsums Wunschvorstellungen aus, spielerische Ideen von der Lebensgestaltung. Die konkreten Produkte repräsentieren also möglicherweise nicht irgendwelche Kaufabsichten, sondern stellen virtuelle Inszenierungen tagträumerischer Habitusformen dar. Insofern geht es trotz der eher luxuriösen Gegenstände nicht um die Selbstdarstellung von Luxus*ansprüchen*, sondern um eine ästhetische Orientierung. Die wesentliche Aufgabe für das Marketing ist die Interpretation des *Bezugsrahmens*, der hier dokumentiert wird, nicht die Wertung des konkreten Gegenstandes, ist also – *Theorie*.

Das Motiv des Porsche lässt sich naturgemäß mit der Attraktion männlicher Rollenmodelle kombinieren, etwa mit dem im Speedster-Bild (Abb. 11.6) zitierten Film „Harper" mit Paul Newman in der Hauptrolle des ein wenig heruntergekommenen Detektiven. Ein Auto-Journalist schreibt dazu: „In 1966, Paul Newman starred in a pretty decent detective flick called Harper, tooling around Los Angeles in a beat-up Speedster. At that time, it wasn't much more than a used-up relic. Harper could retire on what Speedsters are selling for now." Der Speedster selbst befindet sich in einem beklagenswerten Zustand und erinnert in dieser Zurüstung für den Film an das spätere Downgrading der Rolex durch das billige Stoffarmband.

Paul Newman ist als Rollenmodell selbst wiederum unmittelbar mit dem Motiv des klassischen Autos verbunden, aber auch mit Mode und modischen Accessoires wie etwa einer bestimmten Serie von Rolex-Uhren, nämlich der *Daytona* mit weißem Grund und schwarzen Totalisatoren (oder umgekehrt), die in Sammlerkreisen auch als „Paul Newman-Rolex" bezeichnet wird. Ähnlich Positionen nehmen dann Steve McQueen und – vor allem – James Dean ein. „Harpers" Speedster ist natürlich ein Zitat, das an das weit berühmtere Auto des jungen Schauspielers erinnert, den 550 Spyder, mit dem er dann den tragischen Unfall hatte. Viele Fotos zeigen Dean aber auch mit dem Vorgängerauto, das er für den Speedster kin Zahlung gab – einem Porsche 356 1600. Die modernisierte Fassung dieser Ikonen repräsentieren etwa Daniel Craig oder Lapo Elkann. Bemerkenswert ist, dass bei Elkann, der eine Designfirma gegründet hat, eine Reihe von automobilen Statements finden, die ihrerseits mit dem Code der normalen Automobil-Ästhetik brechen – etwa durch schmutzig-matte Tarnfarben auf Luxus- oder Trendfahrzeugen wie *Ferrari* oder Alltagsautos wie dem *Fiat 500*.

> http://photofinish.blogosfere.it/2012/03/lapo-elkan-e-la-sua-ferrari-mimetica-storie-di-ordinaria-follia.html
> http://www.autoedizione.com/lapo-elkann-german-cars-are-the-perfect-refrigerators

Hier fehlt der Raum, die vielen Wochen zu beschreiben, die die Digital Natives vor dem Bildschirm zubrachten und das Spiel der Motive verfolgten. Auf jeden Fall landete man unter anderem irgendwann bei John F. Kennedy, der bis heute als modische Ikone eines bestimmten Stils (als Ivy League Style bekannt) gilt und beispielsweise von der Modefirma Gant gezielt in das Marketing integriert wird.

Gant liefert mit diesem Rückbezug seines Modestils im Sommer 2011 in einem Katalog ein Beispiel für eine derartigen Prozess der sekundären Nutzung des verbreiteten Modulsystems mit der Inszenierung der Mode der 50er und 60er Jahre, wie sie (um einen Grundbegriff der „Soziologie der symbolischen Formen" von Pierre Bourdieu zu gebrauchen) als *kulturelles Kapital* im Milieu der Hamptons dient.

Abb. 11.7 Quelle: Gant-
Katalog 2011

Das Auto wird in diesem Kontext zum nostalgischen Zeugnis der ästhetischen Orientierung. Weitere Elemente assoziativer Anreicherung sind klassische Uhren, New England-Mode, Brillen, Einrichtungsgegenstände, Fahrräder und andere Produkte (Abb. 11.7). Damit vollzieht sich das Random Copying eines globalen Mentalitätsmilieus über die Rekonstruktion aus einer Reihe von Elementen, die alle im Milieu eine bestimmte Werthaltigkeit besitzen.

Gleichzeitig beruft sich Gant auf seine Geschichte, die eng mit der modischen Orientierung amerikanischer Ivy League Universitäten zusammenhängt. Dazu konkret:

http://de.gant.com/gant-heritage/heritage/gant-geschichte.

Einiges kommt an Elementen zusammen, die bis heute unterschiedliche Szenen prägen: Harvard, Yale, Princeton, Old England Style, die US-Ostküsten-Freizeitmode, Sportbekleidung, GIs, BeBop-Jazz, die Afroamerikaner mit ihrer eigenen Geschmackskultur, später dann die jungen Leute mit asiatischen Wurzeln (Ivy Style wurde *die* Mode junger Japaner), alles belebte den Grundstock, den einst Brooks Brothers gelegt hatte, und schuf ein Arsenal vielfältiger Module. Für viele junge Menschen mit Migrationshintergründen war diese Mode der Ausdruck des Willens, am amerikanischen Traum und an der Erneuerung Amerikas und an seiner intellektuellen Szene teilzuhaben. Eine Erneuerung, wie sie in den wenigen Jahren seiner Amtszeit ein junger Präsident verkörperte, der 1960 in der ersten Fernseh-Diskussion der politischen Geschichte brilliert hatte: John F. Kennedy. Er war es, der den Ivy League Style und seine lässige Eleganz, die gleichermaßen etabliert und individuell wirkte, weltweit sichtbar machte. Er war (und ist bis heute) *der* Testimonial der modischen Ausdrucksform gesellschaftspolitischer Aufbruchsstimmung und hochklassiger Bildung.

Er und Jackie Kennedy.

11.2   Klassik als Marketing-Kontext

Denn das gab es bis dahin nicht: einen *weiblichen* Ivy League Style. Auch wenn hier dieser Aspekt aus Raumgründen nur angedeutet werden kann und sich die Beispielsammlung auf männliche Mode bezieht, ist es für eine ausführliche Analyse unerlässlich, auch die narrativen Muster der weiblichen Rollen einzubeziehen. In der Ivy League-Mode änderte sich das Anfang der 60er Jahre. Es war keine feministische Revolution. Viel einfacher: Die Schwestern der Ostküsten-Elite-Jungs – Absolventinnen klassischer weiblicher Universitäten wie Vassar in Poughkeepsie, NY – nahmen die Provokation der männlich orientierten Herstellerkultur lässig an und kauften bei Brooks einfach das berühmte rosafarbene Button down-Shirt, die Bermudas, Sweaters und Sakkos. Nicht für die Brüder oder Boyfriends – für sich. Unvergessen ist der ikonografische Auftritt von Jean Seberg an der Seite von Jean Paul Belmondo in Jean Luc Godards „A bout de souffle": Hosen, Ringel-T-Shirt, Kurzhaar-Frisur und flache Schuhe – *die* amerikanische Studentin, im existenzialistischen Setting der Nouvelle Vague, modisch und doch revolutionär. *Jazz hip.* Denn der Cool Jazz war in dieser Szene längst heimisch, vor allem durch Miles Davis, der sich im *Tabou* und anderen Clubs des *rive gauche* 1958 zur Filmmusik für den „Fahrstuhl zum Schafott" inspirieren ließ. Ausführlich dazu:

> http://www.wienerzeitung.at/themen_channel/lebensart/mode/548276_Die-Eleganz-der-Bildung.html.

Gant bezieht sich auf dieses modische Vermächtnis, konkret auch auf die Kennedy-Jahre (vor der Eskalation des Vietnam-Kriegs). Ein Zusatzkatalog geht unmittelbar auf die Testimonials der Kennedy-Familie ein, wobei nun zusätzlich zur Mode noch das Ambiente dieser Mode inszeniert wird, so wie es in der bereits angesprochenen ganzheitlichen Theorie Bourdieus erscheint: Gant widmet sich dem *Wohnen.* „This summer, when the large Kennedy clan assemble at the home of Robert F. Kennedy, jr. and his family at the Kennedy compound in Hyannisport, they will step into a house that has been decorated by GANT Home. In collaboration with photographer Oscar Falk, we have produced a ‚Welcome home to…' report about a family that lives the good life in true GANT spirit. The campaign comprises advertisements, publications, footage and web" (Gant Home Katalog Sommer 2011).

Die Kennedy-Familie wird so zum Testimonial eines Lebensgefühls, das aus der millionenfachen Variation und der stetigen Selektion einer unbestimmten Zahl von Elementen quasi aus sich selbst heraus entstanden ist und ein Mentalitätsmilieu erzeugt. Die Rekonstruktion erfolgt im Rahmen eines assoziationsreichen Kontextes, den die Kennedy-Familie repräsentiert. So werden Autos, Sonnenbrillen, Sakkos, Sportkleidung zu angereicherten Bestandteilen wiederverwendbarer Narrative (Abb. 11.8, 11.9 und 11.10).

Abb. 11.8 Quelle: http://
edoublem.blogspot.
com/2010/07/kennedys-
2010-style.html

Abb. 11.9 Quelle: http://
www.ivy-style.com/jack-
and-john-the-sartorial-di-
chotomy-of-jfk.html

Diese Inszenierungen sind Angebote, deren Stil sich aus der Beobachtung der Selbstinszenierung eines bestimmten Web-Milieus in Abermillionen Blogs von selbst ergibt und die Elemente des Marketings nach Belieben aufgreift, variiert, aber auch wieder fallenlässt und ignoriert. Was die Kennedy Legacy betrifft, auch die modische, haben sich mittlerweile eine Reihe von Blogs etabliert, darunter:

http://kennedylegacy.tumblr.com.

Was ist an Kennedy so interessant? Was an der Mode, die mit den Bildern repräsentiert wird? Auch diese Frage eröffnete sich durch die Fahndung nach der Bedeutung des Autos und kann mit Abb. 11.11 veranschaulicht werden, auf dem auch die Sonnenbrille wieder eines der Module stellt.

Abb. 11.10 Quelle: http://
thecoolden.tumblr.com/
post/21315941227

Abb. 11.11 Quelle: http://
www.mrporter.com/
journal/journal_issue22/1

Älterer Herr mit Strohhut am Volant eines Cabriolets, das seinerseits wieder eine ganze Geschichte verdichtet: Alfa Romeo Giulietta Spider, gebaut zwischen 1955 und 1962. Erneut ein Stück Marketing, das auf die Web-Ästhetik reagiert und aus allerlei verfügbaren Modulen Elementen eine neue Geschichte aufbaut. Die Rekonstruktion der hier dokumentierten einzelnen Elemente wiederum ist beliebig, erfolgt in individuellen Blogs oder auf den Websites von Modeunternehmen, die sich der Stilistik annähern und sie durch eigene Impulse bereichern auf je eigene Weise, realisiert aber ein bestimmtes Kompositionsprinzip. Die folgenden Beispiele (Abb. 11.12 und 11.13) stammen aus dem Web-Katalog des Herrenausstatters Cesare Attolini.

Auch hier ist das klassische Automobil ein Leitmotiv, wie es von einer Reihe von Modefirmen genutzt wird, etwa von Cesare Attolini in diversen Variationen, in denen auch immer wieder „Kennedys Sonnenbrille" auftaucht: Attolini ist zum Zeitpunkt der Abfassung dieses Textes ins Gespräch gekommen, weil Toni Servillo,

Abb. 11.12 Quelle: http://www.cesareattolini.com/index.php/it/collezioni/collezione-prima-
ver-aestate-2013

Abb. 11.13 Quelle: http://
www.cesareattolini.com/
index.php/it/collezioni/
collezione-primaveraes-
tate-2013

der Hauptdarsteller eines der preisgekrönten Filme in Cannes 2013, Paolo Sorrent-
inos *La Grande Belezza*, von Attolini für den Film eingekleidet wurde. Da der Film
sehr bekannt geworden ist und viele Rezensionen verfügbar sind, erübrigt sich hier
eine inhaltliche Darstellung. Die von Servillo brillant gespielte Figur, der ebenso
desillusionierte wie zynische, dennoch aber nachdenkliche und philosophische 65

Abb. 11.14   Quelle: http://eleganzadelgusto.blogspot.de/2013/05/la-grande-bellezza.html

Abb. 11.15   Quelle: http://
eleganzadelgusto.blogspot.
de/2013/05/la-grande-bel-
lezza.html

Jahre alte Boulevardjournalist Jep Gambardella, ist im Netz zu einer modischen
Ikone avanciert. Auch er ist mit den skizzierten Versatzstücken ausgestattet: Som-
meranzüge, rote, gelbe Sakkos (aber eben in einem Rot oder Gelb, das ganz und gar
nicht pöbelhaft aufdringlich wirkt), Panamahüte – lässige Eleganz insgesamt. Aber
was bedeutet das alles (Abb. 11.14 und 11.15)?

Oder um *eine* denkbare Frage aus diesen Beobachtungen abzuleiten, die zu
einer fokussierten Analyse des Phänomens führt: Warum finden fotografische oder
filmische Abbildungen *älterer* Herren in heller Sommer-Kleidung und mit Pana-

Abb. 11.16 Quelle: http://
lucianobarbera.blogspot.it

mahüten so große Verbreitung auf den Blogs *jüngerer* Internetnutzer? Die Frage
stellte sich schon lange vor der Inszenierung der modischen Attitüde des Jep Gambardella und lässt sich in einem oft genutztes Foto visualisieren (Abb. 11.16), das
den Modemacher Luciano Barbera vor sommerlicher Kulisse eines italienischen
Arkadiens zeigt.

Das Foto, das hier ausgewählt wurde, ist am 22. Oktober 2012 auf der Website

http://lucianobarbera.blogspot.it

ins Netz gestellt.

Von da führen Spuren über zahlreiche Reblogs auf andere Websites, die dann
wieder ihrerseits auf andere Blogs verweisen und jeweils einen leicht variierten
Kontext bieten. Einer der einflussreichsten ist offensichtlich dieser:

http://giantbeard.tumblr.com/post/53023794186/summersuit-luciano-barbera-
showing-us-how-it

Barbera dokumentiert sich selbst und seine Produkte auf einer Website, die dem
ästhetischen Code vieler *Tumblr-* oder ähnlicher Blogs (wie zum Beispiel *thesar-
torialist.com* oder *absolutebespoke.blogspot.es*) entspricht und eine verbreitete Geschmackskultur repräsentiert.

Von der Stilistik her zeigt sich ein geschmeidig zu integrierendes Angebot an
Modulen – an Mode und Kontexten, in denen seine Mode steht. Mit der Entscheidung eines eigenen Blogs wird ein diskreter Weg der Kommunikation mit seinen

Kunden und den Konsumenten gewählt, weil er (wie viele andere) selber entscheiden lässt, ob sie die Angebote seines Web-Blogs aufnehmen oder nicht. So finden sich in den Blogs oder Blog-Netzwerken eine Menge seiner Fotos, mit deren Hilfe man nun – sozusagen per Anhalter mit diesem und anderen Fotos von Luciano Barbera – durch die Galaxis des 3W-Universums trampen kann. Wie beim Bild des Porsche 356 reichert das Motiv die unterschiedlichsten Kontexte an. Die Informationskraft, möglicherweise auch die Wirkungskraft auf die Imaginationen des Betrachters resultieren aus der Integration eines solchen Bildes in die Erzählung der Alltagskultur, die sich selbst fortwährend variiert und auf diese Weise verschiedenen Web-Milieus einen Almanach von Ausdrucksmöglichkeiten bietet.

Welche weiteren Motive von Luciano Barbera (oder den gleichermaßen klassischen Repräsentanten) auf *tumblr* oder *thesartorialist* gebloggt wurden, lässt sich leicht über die Suchfunktionen abrufen. Es sind jedenfalls sehr viele, von denen eine ganze Reihe sozusagen Web-Karriere gemacht hat. Unter anderem eben dieses hier ausgewählte Foto, das ja das Motiv von Mr. Porter, La Grande Belezza und vielen anderen Beispielen dieser Art variationsfreudig wiederholt. Der Prozess jedenfalls, der sich hier andeutet, folgt einer strengen Struktur, die nur deshalb auf den oberflächlichen Blick nicht erkennbar ist, weil sie sich aus einer sehr großen Zahl von Elementen zusammensetzt.

Eine Analyse, die sich auf bestimmte Elemente konzentrieren will, um eine statistische Relevanz zu bestimmen, muss daher zunächst eine Reihe von theoretischen Fragen beantworten, die zu einer Identifizierung der praktisch umgesetzten Elemente führt:

In welchen *Kontexten* erscheint dieses Foto?

Welche *Milieus* spiegeln die Blogs, auf denen es wiederverwertet (re-blogged) wurde?

Spationierung repräsentiert es: Klassik? Italienische Lebensart? Elite? Wunschvorstellungen? Modekatalog zum Nachmachen? Bilder des Alterns?

Welche *Variationen* des Motivs werden sichtbar?

Antworten auf diese Fragen setzen voraus, dass die strukturellen Versatzstücke der alltagskulturellen Ausdrucksaktivitäten *katalogisiert* sind, um sie automatisch in ihren schier unendlichen Variationen sowohl als Module als auch in den Kombinationen begreifen zu können – als eine auf dem Rechner realisierte *de-konstruktivistische* Theorie. Die Bilder bestehen aus Daten. Ein entsprechendes Erfassungssystem müsste dann entwickelt oder ein bestehendes adaptiert werden. Es würde nach dem Prinzip der Single Case-Studies auf der Grundlage des Universums an *realisierbaren* und dann im jeweiligen Einzelfall *realisierten* Optionen vorgehen. Bei unmittelbar assoziativ-gleichwertigen Variationen ist das leicht: Sommer, Strohhut, leichtes Sakko in bestimmten Farben. Zum Beispiel in der verjüngten Variation auf der Site des spanischen Herstellers *Absolutebespoke* (Abb. 11.17).

Oder in Sammlungen auf der jüngeren Kommunikationsplattform *Pinterest* oder des Labels einer Modeseite *yourstyle* auf *Tumblr* (Abb. 11.18 und 11.19).

Abb. 11.17 Quelle: http://
www.absolutebespoke.
blogspot.com.es

Abb. 11.18 Quelle:
https://www.pinterest.com/
pin/197876977350554914/

Abb. 11.19   Quelle: http://yourstyle-men.tumblr.com

Abb. 11.20   Quelle: http://lucianobarbera.blogspot.de

Und schließlich wäre aus der Fokussierung des Projekts, das überhaupt erst zu dieser Entdeckung führte, zu fragen: Was hat das nun wiederum alles mit *Autos* zu tun? Haben wir uns nicht haltlos verloren? Der Faszination der schönen Bilder ergeben? Eigentlich nicht. An der Blog-Site von Barbera zum Beispiel zeigt sich nämlich sehr deutlich, wie dieses Spiel aufgenommen wird, durch die Nutzung ebenfalls verbreiteter Motive der Blogs über Autoklassiker einerseits und Alltagsautos andererseits (Abb. 11.20 und 11.21).

Abb. 11.21 Quelle: http://
lucianobarbera.blogspot.de

11.3   Und wenn es manchen nicht gefällt?

Luciano Barbera: Individuum und gleichzeitig modellhafte Verkörperung eines
soziokulturellen Modells, personifiziertes Sinnbild italienischer Mode, verdichtet
in einer Marke, die wie andere Marken (Rubinacci, Boglioli, Armani, Attolini, Mis-
soni …) eine Lebensart dokumentieren, die trotz der Krise zu den unverrückbaren
Elementen Italiens, zu seinen imaginären und substanziellen Exportartikeln zählt
und somit Zustimmung als Symbol des Aufbegehrens gegen die Krise erfährt. Aber
eben auch: *elitär*.

   Aus dieser soziologischen Perspektive und einer Theorie der ästhetischen Selbst-
repräsentation der herrschenden Konventionen könnte die beschriebene Inszenierung als *Provokation* für für andere Geschmackskulturen gelesen werden. Denn es
ist durchaus denkbar, dass diese Bilder in bestimmten Milieus Missfallen erzeugen
oder vielleicht Neid oder den Wunsch nach einem Gegenmodell oder nach einer

ganz anderen Form der Inszenierung automobiler Ästhetik. Mit anderen Worten: Die Dokumentation der *Follower*kultur enthält nur die halbe Wahrheit.

Das interessante Phänomen bei der Suche ist nun, dass sich die Antworten von selbst ergeben, weil sich sehr bald in den Blogs diese anderen ästhetischen Formen finden.

Zunächst allerdings sieht es nach einer geschlossenen Galaxie aus. Viele dieser Bilder stammen zum Beispiel von Scott Schumann, der mit seinem im September 2005 ins Netz gestellten Blog das Genre nachhaltig prägte. Viele andere lassen sich auf Postings in *flickr* zurückführen (wo man Urheber und Datum, sozusagen die Geburtsstunde identifizieren kann). Die Analyse wird sich dann über diverse Informationen allmählich zur Dynamik vortasten, zur Verbreitung, zu den Reposts in einem bestimmten Zeitraum, der Varietät der Kontexte und vieles andere. Die Übergänge sind fließend, und sie sind dokumentiert, da viele der Blogger „Bezugsquellen" angeben (*Blogs I follow*), die zum Teil in die Hunderte gehen. Auf diese Weise können zwei Spuren aufgenommen werden: Eine Spur ermöglicht Verfolgung des Bildes durch unterschiedliche Kontexte. Eine zweite führt in artverwandte Blogs, auf denen dann wieder artverwandte Blogs angegeben sind und so fort. Diese beiden Spuren erlauben mathematische Zugriffe, die allerdings schwer zu programmieren sind: etwa die Sortierung der Bedeutung eines Bildes nach der Anzahl der Reposts und positiven Kommentierungen im Vergleich mit denselben Werten für andere Bilder in einem bestimmten Zeitraum.

So ließe sich geradezu skalenmäßig die gesamte Bandbreite der milieuspezifischen Design-Vorstellungen abdecken, bis man über ungezählte Stationen und viele einander benachbarte Web-Milieus auf einem soziologischen Kontinuum in ganz anderen Web-Galaxien landet, die, würde man sie einfach nur in ihrer Eigenart zur Kenntnis nehmen, keinerlei Bezüge zur bislang hier dokumentierten elitären Ästhetik mehr besitzen. Nur ein Beispiel soll das Ergebnis einer solchen (oft Wochen dauernden) Iteration veranschaulichen.

In der Analyse der eingangs kurz als Beispiele vorgestellten Websites stoßen wir immer wieder auf Produkte mit großen milieuübergreifenden Schnittmengen, zum Beispiel *Audi R 8* oder *Ferrari*, sowohl auf klassische als auch Modelle jüngerer Baujahre, dann bald auch auf Chevrolet Corvette (eher auf Modelle neuerer Baujahre als Klassiker), aber auch auf Datsuns der Z-Serie und andere mittlerweile zu Klassikern arrivierten Youngtimern aus Japan. Ganz allmählich rückt ein Modulsystem ins Blickfeld, das die Veredelung von Automobilen auf ganz andere Weise interpretiert und in eine eher ungewöhnliche Galaxie des 3W-Universums führt. Wir stoßen zum Beispiel auf die Szene der *Import Car Culture*.

Irgendwann begannen in den 80er Jahren junge Nachfahren dritter Generation der asiatischen Einwanderer in die USA, alte Honda Accord und Datsuns zu

„pimpen". Es war ein Hobby, das kaum jemanden interessierte und über das Milieu hinaus kaum Einflüsse erzeugte. Nur die wissenschaftliche Forschung widmete sich der Beobachtung, vielleicht auch deshalb, weil junge Wissenschaftler wie auch junge Journalisten ständig auf der Suche nach guten Themen sind, mit denen sie sich einen Namen machen können. In einem Beitrag des *Journal of Asian-American Studies* wurde also die *Exotisierung eines durchschnittlichen Alltagsgegenstandes* beschrieben, betrieben von einer Szene, die bis dahin am Rande der öffentlichen Aufmerksamkeit agierte. Soo Ah Kwon ist die Autorin. Sie sieht in dieser Szene eine Rekonstruktion der pan-asiatischen Identität in einem nivellierenden Amerika. Der kulturpolitische Kontext dieser Bewegung (dieser Szene, dieses Web-Milieus) ist auf der Website

> http://www.asianweek.com/2008/07/25/the-art-of-car-inside-the-asian-american-subculture-of-import-cars/

anschaulich und hintergründig beschrieben. Daher kann ich mich hier auf wenige Bemerkungen konzentrieren.

Die Tatsache, dass es gerade in den 80er Jahren in den USA als unpatriotisch galt, japanische Autos zu kaufen, beflügelte diese Szene durch den oppositionellen Charakter ihrer Konsumentscheidungen. Die Analogie zur dekonstruierten Rolex mit dem Stoffarmband ist unübersehbar. Mittlerweile ist die Szene der Import Car Culture nicht nur zu einem Objekt wissenschaftlicher Kulturanalyse geworden, sondern auch so verbreitet, dass eine Menge Websites zur Verfügung stehen.

> http://www.180sx.co.uk
> http://en.wikipedia.org/wiki/Sleeper_(car)
> http://www.jadecrew.com
> http://www.asian-nation.org/import-racing.shtml
> http://www.jt-culture.com
> http://www.flickr.com/groups/import_car_scene/pool

Vor allem auf dieser letztgenannten Site findet sich eine reichhaltige Auswahl an Bildern der japanischen Youngtimer, gelegentlich auch von VW Golfs (erste Baureihe), ein grenzüberschreitendes Motiv also (Abb. 11.22).

Die Szene der Import Car Culture war bereits Hintergrund oder auch zentrales Thema einer Reihe von Filmen, etwa: *Thrust, FOX's FastLane*, wurde und wird in MTV Features über Racing- und Tuning-Aktivitäten behandelt und selbst in den Blogs deutscher Youngtimer-Enthusiasten regelmäßig besprochen. Der offensichtlich wichtigste Film, der die Szene nachhaltig prägte und zur Globalisierung des

Abb. 11.22 http://www.jt-culture.com/honda-culture-august-10

Mentalitätsmilieus beitrug, war *The Fast and the Furious*, im Jargon der Insider auch *F&F* genannt. Darsteller waren Action Stars wie Paul Walker und Vin Diesel.

Der Film wurde 2001 uraufgeführt und hatte einen so großen Erfolg, dass es sechs Fortsetzungen gab. Das Lexikon des Internationalen Films schreibt: „Technisch aufwändig und kostspielig inszeniertes Exploitation-Kino vergangener Jahrzehnte, in dessen Mittelpunkt ‚frisierte' Kraftfahrzeuge stehen, denen mehr Interesse entgegengebracht wird als der Charakterzeichnung der menschlichen Akteure." Wikipedia liefert eine Aufzählung der verwendeten Autos: Honda Civic Coupé (EJ 1), Nissan Silvia S 14a (in Deutschland als Nissan 200SX verkauft), Mazda RX-7 (FD3S), VW Jetta, Mitsubishi Eclipse D30, Honda S 2000 (AP1), Toyota Supra RZ (JZA-80, auch bekannt als MK. IV), Ford SVT F150 Lightning, Nissan Skyline GTR R33, Nissan Sentra, 1970er Dodge Charger R/T, Ferrari F355 F1 Spyder, Honda Integra (DC2), 1970er Chevrolet Chevelle SS (http://de.wikipedia.org/wiki/The_ Fast_and_the_Furious).

Bemerkenswert ist die Gender-Situation in der Szene dieser Autoliebhaber. Die weiblichen Anwesenden sind offensichtlich nicht mehr nur Begleiterinnen, also, wie die Amerikaner sagen, *babes*, sondern eingeständige *car girls* und Akteurinnen. „These two types of women, the babes and the car girl, represent an interesting dichotomy within the import-car culture. On one hand, babes have long been a mainstay of the American gearhead aesthetic. They pose for car magazines, plus

Abb. 11.23 http://www.
filmofilia.com/wp-content/
uploads/2011/01/fast_and_
furious_5_05.jpg

calendars that hang on the walls of auto shops. They present trophies to winners
and are hired as spokesmodels for car products. But Ubeda (Name einer Autobe-
sitzerin, H.R.) exemplifies a new kind of girl – one who enjoys the ritual of custo-
mizing her own car. This gearhead feminism is the newest subniche in the billion-
dollar import-car-parts industry. Within the past few years, girls have launched
their own clubs, plus clothing and accessories lines and even a girl-specific national
drag-racing series." (http://www.sfgate.com/cgi-bin/article.cgi?f=/g/a/2003/05/08/
impcargirl.DTL).

Jordana Brewster (Abb. 11.23) und Michelle Rodriguez (Abb. 11.24) spielen die
Hauptrollen in *The Fast and the Furious*. Aber die Import Car Culture ist eben
auch strukturell Neues, eine Art ingenieursgetriebene Technologie-Kultur, deren
Wurzeln in einer tieferliegenden Sozialgeschichte gründen – der Geschichte von
Inklusion und Exklusion bestimmter Gruppen in der „legitimen" Alltagskultur der
jeweils herrschenden Normen und Werte. Tom Wolfe beschrieb die vergleichbare
Szene der Hot Rods und Custom Cars der 50er Jahre in seinem Essay über „The
Kandy-Kolored Tangerine-Flake Streamline Baby". Er führte mit dieser abenteuerlichen Publikation, die alle Regeln des damaligen Journalismus sprengte, die Szene
aus ihrer versteckten Nische ins Licht der Aufmerksamkeit. Er *fand* etwas, das er
nicht verstand, verstand aber so viel, dass dieses Fundstück nicht mit den Mitteln
der klassischen Erklärungen und Erzählungen zu begreifen war.

„Anfangs fiel es mir ziemlich schwer, die Story zu schreiben. Ich kam nach New
York zurück, saß herum und zerbrach mir den Kopf über die Sache und versuchte
vergeblich genau dahinterzukommen, was ich in der Hand hatte. […] Ich schrieb
alles auf, und nach ein paar Stunden wildern Geratters merkte ich, daß sich etwas

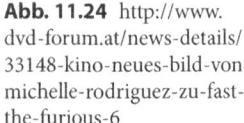

Abb. 11.24 http://www.
dvd-forum.at/news-details/
33148-kino-neues-bild-von-
michelle-rodriguez-zu-fast-
the-furious-6

tat." Um vier in der Früh war das Manuskript 49 Seiten lang und wurde zu einem
der ersten Fanale des New Journalism – so dass Wolfe gleich zwei Innovationen
promovierte: diese Beschreibung einer Car-Scene und eine Sicht auf Dinge, die in
der klassischen Recherche gar nicht entdeckt werden konnten, weil sie von jugendlichen *Außenseitern* produziert wurden. Deren Kultur betrachtete man, so schrieb
Wolfe, „noch immer als Vorzugsbeschäftigung von Gammlern mit vergammeltem
Haar, Pickeln und eingefallenen Brustkörben. Aber diese etwas schmuddeligen
Leute schaffen dauernd neue Stile und verändern des Leben des ganzen Landes auf
eine Weise, die anscheinend niemand wahrnimmt, geschweige denn analysiert."
Trouver avant de chercher durch die vorurteilsfreie Recherche, die sich auf Logik
der Wirklichkeit einlässt und nicht mit der Logik von Modellen anrückt, um zu
prüfen, was davon in der Wirklichkeit existiert.

An dieser Stelle soll die Beschreibung der Analyse des Projekts abgebrochen
werden, denn es wäre kaum möglich, die mehr als ein Jahr dauernde *Rundreise*
durch das 3W-Universum in allen ihren Stationen zu dokumentieren. Ein Eindruck
ist entstanden, vor allem aber ist die Botschaft klar. Allerdings ist eines zu bedenken: Wir haben hier von *Bildern* geredet, von Zigmilliarden Bildern. Nicht von *Filmen*, die einen weiteren Teil des 3W-Universums ausmachen. Wie soll man das alles bewältigen? Eines ist zumindest sicher: Berechnungen, ganz gleich mit welchen
Datenmengen, liefern keine Hinweise auf die Bedeutungen dessen, was sich da im
Netz abspielt. Seine Logik wird erst einsichtig, wenn man mit einer gewissen De-
mut die Wirklichkeit jenseits der Routinen akzeptiert und Big Data nicht als Instrument einer Offenbarung missversteht. Wenn man sich von den anarchischen Prozessen der Bildung von Geschmackskulturen bezaubern lässt, statt in einem faulen
Zahlenzauber die Illusion nährt, dieser kulturelle Prozess ließe sich berechnen. Das
heißt auch, dass die gestalterischen Potenziale innovativer Unternehmen eine weit

größere Bedeutung haben als die Vorausberechnungen nahelegen. Ich wiederhole es: Das, wo sich nichts mehr berechnen lässt, wo die eingefahrenen Routinen versagen, eröffnen die Terrains für neue Impulse. Dass gleichzeitig aber eine wenn auch hochkomplexe Logik herrscht, liegt in der Natur der Sache. Auch Kultur vollzieht sich nicht in chaotischen Sprüngen, auch wenn es dem menschlichen Blickvermögen so vorkommt. Je mehr also die Logik der verborgenen Betriebssysteme der alltagskulturellen Ausdrucksaktivitäten studiert wird, desto leichter wird es fallen, in diesem Universum Impulse zu setzen, statt vorgeblichen Trends hinterher zu hetzen.

Schlussbemerkung: Datenanalyse und Diskurse

12

Die wichtige Botschaft dieser Abhandlung besteht darin, die mathematisch begründeten Möglichkeiten *quantitativer* empirischer Forschung so zu nutzen, dass die *qualitative* Ausbeute der Projekte möglichst hoch ist – dies sowohl unter dem Gesichtspunkt der Erweiterung des theoretischen Wissens als auch unter dem Zwang, kurzfristige Handlungsoptionen für die Wirtschaftspraxis entwickeln zu müssen. Dazu ist es, wie sich deutlich gezeigt hat, notwendig, klare Fragen zu stellen und den Gegenstand der Untersuchung so zu fokussieren, dass man überhaupt irgendetwas konkret untersuchen kann. Wichtig ist aber, dass die Fokussierung nicht willkürlich geschieht, sondern den natürlichen Zusammenhang des zur Forschung ausgewählten Themas berücksichtigt. Wir nennen das den *Kontext* (oder auch Bezugsrahmen). Dieser Kontext erfasst räumliche oder zeitliche Bedingungen, in denen sich bestimmte Ereignisse abspielen. Der ausgewählte Aspekt ist immer auf diesen Kontext zurückzubeziehen, was wichtig für die spätere Interpretation ist. Die eigentliche Untersuchung nun ist die *Analyse*, also die Prüfung der Zusammenhänge ausgewählter Parameter mit den Mitteln quantitativer und qualitativer Methoden. Am Ende der Analyse lassen sich (wenn die Fragestellung vernünftig formuliert war) klare Antworten geben – erstens die nachweislichen Zusammenhänge betreffend, zweitens bei der Identifikation der nicht mit Berechnungen erfassbaren Prozesse. Daraus resultieren, wie sich in den Beispielen gezeigt hat, weitere Fragen, die zu innovativen Ideen führen. In der Statistik und der sie fundierenden Mathematik geht es also um das Geschick, den Kontext eines Befundes zu konstruieren, um daraus weitergehende Fragen zu entwerfen, die dann einer neuen Analyse überantwortet werden können. Es geht um die Verknüpfung von *Erzähl*ungen und *Zahlen*. Fokus, Kontext, Analyse: Das Muster ist also recht einfach und, wie sich im Hinblick auf die eingangs skizzierte Praxis der Interviewgestaltung in Zeitungen und Zeitschriften zeigt, mnemotechnisch perfekt – es besteht aus *drei* Elementen.

Noch wichtiger aber ist es, zu begreifen, dass es Grenzen der Berechenbarkeit gibt, wie das letzte methodologische Intermezzo eindrucksvoll zeigt. Grenzen, jen-

H. Rust, *Fauler Zahlenzauber*,
DOI 10.1007/978-3-658-02517-5_12, © Springer Fachmedien Wiesbaden 2014

Abb. 12.1 Schild in Macao, das auf den Blicküber die Grenzenach China hinweist. (Foto: Holger Rust)

seits derer nur noch der wache und gestaltungsbereite Geist einer wagemutigen Mannschaft steht, die eines sicher weiß: Wirtschaft ist immer ein Abenteuer mit ungewissem Ausgang. Das lässt sich am besten retrospektiv veranschaulichen. Zum Beispiel: Wer von uns hätte Mitte der 70er Jahre vorausgesehen, was in der Volksrepublik China geschehen würde? Hätte man den Weitsicht gehabt, sich im Nationalmuseum am Tian'anmen schräg gegenüber der Zentrale der KP im streng umfriedeten Zhongnanhai eine große Ausstellung über *Bulgari* („125 years of Italian excellence") vorzustellen? Aber genau die gab es im September 2011. Mehr noch: Gleichzeitig fand in der Wangfujing, der Shopping-Meile ein paar Blocks weiter die Chang'an hinauf, ein *Festival der World Brands* statt – und das waren keine Schnäppchenmarken: Gucci, Rolex, Armani, um nur drei zu nennen. Bezahlen konnte man das alles natürlich mit Kreditkarte. Interessanter aber war (und ist) das Bargeld, weil sich die Unberechenbarkeit der Zukunft auf diese Weise drastischer dokumentiert – die Banknoten tragen das Porträt Mao Tse-tungs.

Hätte das also jemand in den 70er Jahren geahnt, als Nixons Besuch die ersten zaghaften Annäherungen einleitete? Ich erinnere mich an ein Schild auf einer Anhöhe in Macao (Abb. 12.1), in den späten 70ern noch, ein Schild, das mit der Sensation spielte, einen ganz nahen Blick nach drüben in dieses undurchsichtige Reich zu werfen.

In den letzten Jahren meiner aktiven akademischen Karriere war es dann so, dass die Seminare und Vorlesungen so selbstverständlich von jungen Leuten aus der Volksrepublik China – nach 1989 dann auch und in zunehmendem Maße aus den Ländern des ehemaligen Ostblocks, aus Weißrussland, Kasachstan, Polen und aus der Ukraine –besucht wurden, als seien sie mal eben aus Baden-Württemberg gekommen. Wer sich heute in den Hörsälen und Seminaren der Hochschulen umschaut, wird nichts Besonderes mehr dabei empfinden. Doch ist es eine interessante Übung für Diskurse, Diskussionen oder auch Debatten im Marketing, im Personalwesen, in der Forschung oder anderen Ressorts, diese Selbstverständlichkeiten auf ihre Entstehungsbedingungen und Konsequenzen zu untersuchen. Das wären auch Themen für Managementkonferenzen: Zu fragen, wie das alles geschah, wie es weitergehen könnte, welche Konsequenzen wiederum diese Konsequenzen haben könnten, welche Zukünfte denkbar wären, wenn die Zukünfte, die wir heute ersinnen, eingetreten sein werden. Deshalb muss es noch einmal betont werden: Dazu sind weder die verbreiteten Hard Skills noch die Soft Skills wichtig. Weit wichtiger ist es, das Wort Skills nur als Hilfs-Substantiv zu begreifen und die Fähigkeit, mit der Welt umzugehen, auf beide Ansätze zu gründen. Dieses Talent einer in literarischer Tradition gegründeten naturwissenschaftlichen Sichtweise hat noch keinen Namen. Es ist noch nicht mit einem bedeutungsvollen Anglizismus etikettiert. Ich nehme daher Zuflucht zu einem Begriff, der eher altbacken daherkommt – *Bildung*. Zu der gehören die *mathematisch-physikalisch-naturwissenschaftlich* inspirierten Fähigkeiten ebenso zwingend wie die Freude an praktischen Utopien und Spekulationen – das heißt: ein *hermeneutisches* Geschick, oft auch als *Intuition*, Entscheidungen aus dem Bauch, ins Feld geführt.

Die seien oft wichtiger als die berechenbare Entscheidung, schneller, treffsicherer. Leider fehlt bislang eine systematische Forschung darüber, wann diese Art des Weltzugangs erfolgreich war und ist und wann nicht. Die Beispiele aus der Fachliteratur (Ergebnisse von Sportwetten, Entwicklungen von Aktienkursen, Marktanteilen, Rankings) erscheinen mitunter doch sehr opportun auf die Bestätigung der Theorie abgestellt, so wie die Auswahl von Best Practices, die im Nachhinein eine bestimmte strategischen Entscheidung legitimieren. Eines scheint indes nach allem, was die Wissenschaft über diese „Bauchentscheidungen" zu Tage gefördert hat, einigermaßen gesichert: Sie stellen letztlich nichts anderes dar als das Ergebnis berechenbarer Erfahrungen, die in einem konkreten Moment in unterschiedlichen Arrangements blitzschnell abgerufen und in vergleichbaren Situationen in Handeln übersetzt werden können. Intuition ist die an Erfahrungen gebundene Kompetenz, erlebte und in ihrer Bedeutung berechnete Dinge zu neuen Arrangements zu verknüpfen oder in unerwarteten Zusammenhängen alte Muster zu erkennen, eine Kompetenz, die die Doyenne der empirischen Weltbetrachtung, Elisabeth Noelle-Neumann, treffend als *quasi-statistische Wahrnehmungsfähigkeit* bezeichnete.

Brian Eno, einer der regen Autoren des weltweit einflussreichen Wissenschafts-Blogs *edge.org*, veranschaulicht diese Gebundenheit an einem amüsanten Beispiel (ich glaube, es stammt von Wittgenstein): Die imaginäre Aufgabe besteht darin, eine Schnur um die Erde zu legen. Es stellt sich heraus, dass diese Schnur einen

Meter zu lang ist. Um wie viel, so die Frage nun, müsste der Erdball, an jeder beliebigen Stelle gemessen, dicker sein, wenn die Schnur in ihrer aktuellen Länge passen sollte? Natürlich, so die intuitive Antwort von fast allen, nur Bruchteile von
Millimetern. Das ist falsch. Die richtige Antwort ist: 16 Zentimeter. Von denen, die
intuitiv diese richtige Antwort gaben, waren, so Eno, auffallend viele *Mathematiker*
oder *Modemacher*. Eine Variation dieser Denksportaufgabe findet sich mit mathematischen Konkretisierungen unter:

http://www.brefeld.homepage.t-online.de/seil.html

Quasi-statistische Wahrnehmungsfähigkeit: Mit diesem Begriff hat ist die Philosophie eines klassischen Denkers auf den modernen Punkt gebracht, der schon
zwanghaft als posthumer Managementberater angerufen wird, wenn es um Bauchentscheidungen geht: René Descartes. Der schrieb um 1700 herum, schon damals
entnervt von den Spökenkiekereien der zeitgenössischen Scharlatane, die sich als
intuitive Genies brüsteten: „Unter Intuition verstehe ich nicht das schwankende
Zeugnis der sinnlichen Wahrnehmung oder das trügerische Urteil der verkehrt
verbindenden Einbildungskraft, sondern ein […] müheloses und deutlich bestimmtes Begreifen des reinen und aufmerksamen Geistes."
    Die Angebote der hier skizzierten Gurus bedienen daher auch ein zweites Be-
dürfnis. Sie vermitteln die Illusion, den in den Rechenoperationen der strategischen
und operativen Alltagserfordernisse verlorenen Blick auf das Ganze zu rekonstru-
ieren. Diese mentale Dienstleistung erklärt auch die fast deckungsgleiche enzyklopädische Anmaßung, sich mit allen modernen Disziplinen den Geheimnissen der
Welt zu nähern. Abgesehen vom zweifelhaften Kompetenzanspruch versteckt sich
in dieser Versprechung eine Verengung der Perspektiven, die am Ende zu einer innovativen Starre führt, vor allem dann, wenn die Verkäuflichkeit (die substanzielle
von *Studien* und die imaginäre der *Medienpräsenz*) im Vordergrund steht und nicht
die Sache.
    Statt dessen ist die Erfahrungs-Summe einer möglichst differenziert zusammen-
gesetzten Gruppe von Menschen gefragt, die aus unterschiedlichen Lebenswelten
stammen und daher die Daten, die Bilder und die Interpretationen der externen
Zulieferer um ihre eigenen Ideen ergänzen können. Es ist wie ein *Kinderspiel*: „Ich
sehe etwas, das Du nicht siehst!" Aber es ist kein Kinderspiel, sondern die Sicherung der Einzigartigkeit des Unternehmens, das in den schier unendlichen Angeboten der vermeintlich chaotischen Module der Geschmackskulturen Hinweise
auf eine innovative Weiterung oder Veränderung entdeckt. Nicht die Daten und die
Zahlen sind bedeutsam. Das, was sie repräsentieren, ist Bezugspunkt und Herausforderung für Strategisches Management: das latente Betriebssystem der Alltagskultur. Denn trotz aller digitalen Repräsentationen, trotz aller Daten und Algorithmen – das Leben spielt sich immer noch in der Wirklichkeit ab.

GPSR Compliance

The European Union's (EU) General Product Safety Regulation (GPSR) is a set of rules that requires consumer products to be safe and our obligations to ensure this.

If you have any concerns about our products, you can contact us on ProductSafety@springernature.com

In case Publisher is established outside the EU, the EU authorized representative is:

Springer Nature Customer Service Center GmbH
Europaplatz 3
69115 Heidelberg, Germany

The manufacturer's authorised representative in the EU is Springer
Nature Customer Service Centre GmbH, Europaplatz 3, 69115 Heidelberg,
Germany. If you have any concerns regarding our products, please
contact ProductSafety@springernature.com

Printed and bound by CPI Group (UK) Ltd, Croydon, CR0 4YY

24/04/2026

02096334-0008